明德
書系
艺术坊

明德书系

艺术坊

品味艺术 享受生活

Product Design

Appreciation

一物一菩提

造物艺术欣赏

李砚祖 著

中国人民大学出版社

·北京·

目　录

第 1 章　设计与造物 …… 1
第一节　石之为器　串饰为美 …… 3
一　石之为器 …… 3
二　串饰为美 …… 15
第二节　造型成器 …… 23
一　炼土为陶 …… 23
二　造型成器 …… 29
第三节　造物的文化与艺术 …… 38
一　造物的文化 …… 38
二　造物与艺术 …… 44
第 2 章　华夏意匠 …… 47
第一节　陶埴之道 …… 49
一　彩陶与文化 …… 49

二　釉陶与唐三彩 ………………………………… 63
三　壶中天地 ………………………………… 71
第二节　千峰翠色 ………………………………… 85
一　翠色如玉 ………………………………… 85
二　宋瓷之美 ………………………………… 94
第三节　青花五彩 ………………………………… 116
一　青绘花瓷 ………………………………… 116
二　五色彩瓷 ………………………………… 131
第3章　工艺经典 ………………………………… 141
第一节　青铜经典 ………………………………… 143
一　青铜时代 ………………………………… 143
二　国之重器与钟鸣鼎食 ………………………………… 151
三　青铜器的造型 ………………………………… 164
四　青铜器的装饰 ………………………………… 181
第二节　髹漆制器 ………………………………… 193
一　从髹涂到漆绘蚌饰 ………………………………… 193
二　五百年鼎盛：楚汉漆器 ………………………………… 199
三　从绘到刻：剔红剔犀 ………………………………… 211
四　漆的塑造：夹纻造像 ………………………………… 217
第三节　玉山玉海 ………………………………… 224
一　礼天地之器 ………………………………… 224

二　玉山玉海 …………………………………………… 236
第四节　竹木民具 …………………………………………… 244
一　民具与民间工艺 ……………………………………… 244
二　家具与明式家具 ……………………………………… 254
第4章　走向现代 ………………………………………… 269
第一节　工业革命与设计 ………………………………… 271
一　工业革命 ……………………………………………… 271
二　工业革命时代的产品设计 …………………………… 277
第二节　从莫里斯开始 …………………………………… 285
一　“水晶宫”的光辉 …………………………………… 285
二　现代设计之父 ………………………………………… 290
三　新艺术运动与设计 …………………………………… 300
第三节　现代艺术运动与现代设计 ……………………… 308
一　现代艺术运动 ………………………………………… 308
二　荷兰风格派与俄国构成主义 ………………………… 320
三　装饰艺术运动和流线型设计 ………………………… 329
四　北欧风格 ……………………………………………… 343
第四节　现代设计的摇篮：包豪斯 ……………………… 349
一　格罗皮乌斯与包豪斯 ………………………………… 349
二　包豪斯的基础课程与设计教学 ……………………… 355
三　大师与杰作 …………………………………………… 362

第1章

设计与造物

第一节　石之为器　串饰为美

一　石之为器

人类的文化最早是写在石头上的。人类的设计最早也是从石头上开始的。

人类学研究表明，在从猿到人的转变过程中，人类曾经历了一个使用天然木石工具的阶段。当发现天然木石工具不能适应需要，而产生一种改造或重新制造的欲望，并开始动手制造时，设计和文化便随着造物而产生了。

石器是人类最早的文化产物和信物。现今发现人类最早使用和制造的石器距今约二百万年前，20 世纪 30 年代英国考古和人类学家 L. 利基和他的妻子 M. 利基在非洲坦桑尼亚的奥杜威峡谷发现了数量众多、样式不同的石器，这些石器大多是用砾石制造的“砍砸器”（图 1—1），还有盘状器、

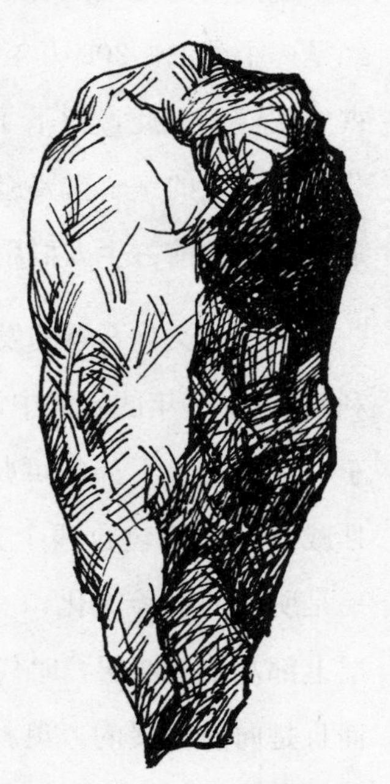

图 1—1　非洲坦桑尼亚奥杜威峡谷砍砸器

球状器和多面体器等。其时代距今大约一百八十万年，属于旧石器时代早期。虽然这种造物非常原始，非常粗陋，但由使用天然工具到制造工具，这是人类迈出的历史性的一步。在这一步中，人类从动物式的本能的劳动到造物的创造性劳动，人不仅完成了自身的转变，成为真正意义上的人，劳动的人，而且成为会设计的人，会创造的人。可以说人类的一切文化和设计正是从这一步开始的。

现代的奥杜威峡谷位于东非干旱的塞恩吉蒂平原上，它曾经是一个湖泊。200 万年前，湖泊两岸居住着无数的野生动物和古生人群，因此，留下了丰富的旧石器时代遗物，成为人类进化发展史上的一个重要遗址。自 30 年代以来，这里相继发现了近二百万年前古生人群用过的居住营地和屠宰场。

奥杜威文化石器的发展经历了一个相当长的历史过程。M. 利基在 1967 年的研究中认为，奥杜威各个地层的石器工具，位于一层和二层下部的可归为一个文化类型，即奥杜威文化；奥杜威二层上部包含两个类型的文化：一是进步的奥杜威文化，一是所谓的手斧文化，一般称为阿舍利手斧或文化；奥杜威二层上部及第三四层，时代上属于中更新世，手斧不仅一直存在，而且是向前发展的。奥杜威早期的石器中，有的砍砸器采用交互打片的方式，形成一个与尖部相对的手握部分，因而被称为原始手斧。

在中国，首次发现的早期类型直立人的代表是云南元谋人，距今约一百七十万年。在元谋人化石所在的褐色黏土层位里曾发现了几件石器，其中有用石英岩打制的 4 件刮削器。[①] 1984 年，中国科学院古脊椎动物与人类研究所的考察队在重庆市巫山县庙宇镇龙坪村龙洞苞西坡发现一早期人类遗址——巫山龙骨坡遗址，从 1985 年开始至 1997 年，经过十多年的发掘，初步断定其年代距今 180～248 万年。1985～1988 年发现的两件石器，一为安山岩打制的多边砍砸器，另一为石英砂岩打制的砸击石锤。在 1997 年的发掘中，发现了大量石制品，其中多有明显的打击痕迹。有的标本不仅有打击痕迹，而且加工部分体现了早期人类（距今 180～200 万年）制造石器的特点，即打出来是什么样子就是什么样子，不进行第二步的加工和修整，没有规律可循，由于受原料的限制，石器大小不等，形态各异。[②] 巫山龙骨坡遗址的发现，尤其是大量石制品的发现，表明早在 200 万年前的华夏大地，已经有了人类的足迹，即在中国这块土地上，在 200 万年前先民们已经开始创造文化。

在考古学上人们将石器时代分为旧石器时代和新石器时代。

---

① 20 世纪 80 年代有研究表明，元谋人化石的年代应不早于距今 73 万年，可能为距今 50～60 万年。参见中国社会科学院考古研究所编：《新中国的考古发现和研究》，3 页，北京，文物出版社，1984。

② 《中国文物报》，1998-04-15，第三版。

旧石器时代占人类历史的 99.8%，从二三百万年前开始至一万年前为止。新、旧两大时代又根据时间早晚分为早期、中期和晚期。旧石器时代的三期又与人类体质发展的直立人、早期智人、晚期智人三个阶段相应。在旧石器到新石器这一漫长的时代中，人类的体质和文化都经过了一个从低级到高级的发展阶段，人类的造物——石器的打制和设计也是这样，从粗石器到细石器；从一般石器到美玉；从简单打制到进一步加工、琢磨，最后走向精致。

欧洲的旧石器时代遗存极为丰富，早期遗存有阿部维利文化、阿舍利文化、克拉克当文化；中期遗存有莫斯特文化、勒瓦娄哇文化；晚期有奥瑞纳文化、梭鲁特文化、马格德林文化等。中国的旧石器文化同样丰富和自成系统，早期遗存有蓝田人文化、北京人文化、观音洞文化；中期遗存有丁村文化；晚期遗存有峙峪文化、山顶洞文化、下川文化等。

20 世纪 60 年代初期，在山西芮城县西侯度发现了早更新世晚期的人类文化遗存，距今约一百八十万年，发现石器三十余件，其中有双面和单面砍砸器及直刃、圆刃刮削器等。这些石器使用锤击法打下的石片加工而成。1964 年发现的陕西蓝田人统属中更新世时代，距今约八十万年。发掘和采集到的石器五十余件，有刮削器、大尖状器、多边或单边砍砸器、球形器等。打制和加工修理石器都采用捶击法。值得注意的是，这一时期的石器工具类型在设计上已具有某种程序和方法，显示出设计上一定的进步性（图1—2）。

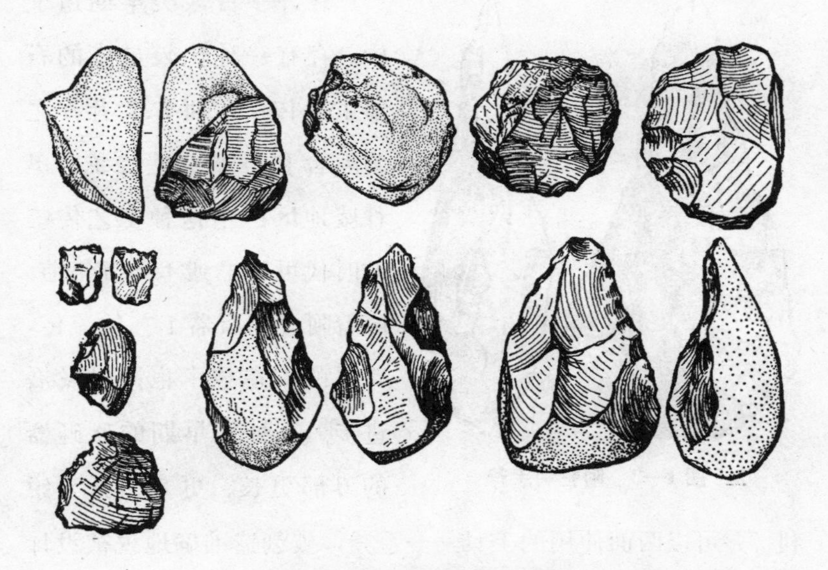

图1—2　中国陕西蓝田石器

作为晚期直立人代表的北京人，距今约五十万年，据对近六千件石器标本的研究，北京人的石器有许多共同的特点，石器原料主要是脉石英，普遍使用捶击法、砸击法打片。石器已有一定的类型和分工，以刮削器为主，还有尖状器、砍砸器、雕刻器和石锤。从设计的角度看，北京人的石器文化同样存在着一个渐变和提高的过程，从原料上看，由软质的砂岩向硬质的燧石转变；打制技术上，砸击法打出的石片增多，质量提高。石器制作技术进步的结果是石器成品率提高，石器类型增加，小型石器趋于精致。

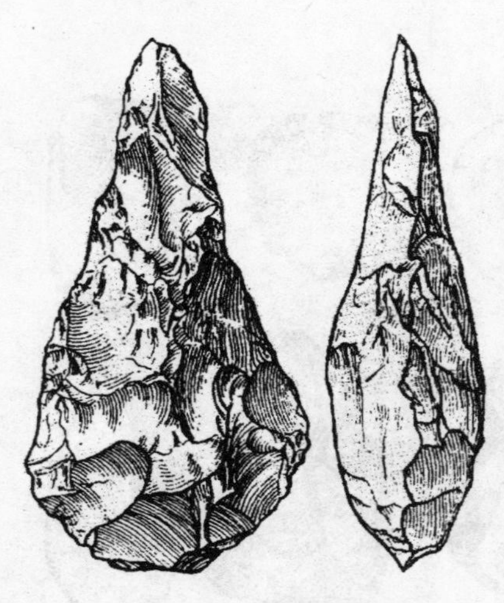

图 1—3　阿舍利手斧

在许多古人类早期遗址中，存有一种比较进步的石器工艺传统，西方学者称之为阿舍利石器工艺传统。奥杜威地区产生这种工艺传统的时代可以早到 140 万年前。随着阿舍利石器工艺的流传，石器的制造技术也同时发展进步。一种比早期的砍砸器的刃部更长、更直、更为锐利，并可以两面使用的工具——手斧，被创造准确地说被设计出来，成为阿舍利石器文化的代表（图 1—3）。阿舍利石器文化首先是在欧洲被发现的，同晚期直立人同时代的欧洲旧石器早期文化有著名的阿布维利文化（舍利文化）、阿舍利文化和克拉克当文化。

典型的阿布维利文化发现于法国北部阿布维利市郊康姆河畔的台地上，主要的石器是用燧石结核打制的手斧。这种手斧在造型上的特征是，一端打制成尖刃状，另一端保留燧石结核的钝圆部分，以便手握。这种设计在奥杜威的原始手斧中便能看到。阿布维利文化发展成阿舍利文化后，手斧的设计制造技术有了进步，增加了用木棒和骨棒打制的技术。现已发现的阿舍利文化期石器工艺有18种不同的类型，包括各种石凿、石钻、石砧、石锤、刮削器及石球等。类型的增多说明制造者在设计和造型方面的进步。

在旧石器时代中期，随着早期智人的出现，石器工具的设计制造技术有了显著的进步。接续在阿舍利文化期之后的欧洲莫斯特文化期石器便以新的打片法和细敲石片法见长，智人能用动物骨头制成的“砧”修整燧石，并根据设计把燧石制造成适用的形状（图1—4）。中国的早期智人，也有着自己的工艺技术传统，在华北地区即存在着所谓“大石片砍砸器——三棱大尖状器传统”和“船头状刮削器——雕刻器传统”，不同的技术传统实际上体现了不同的设计传统（图1—5）。

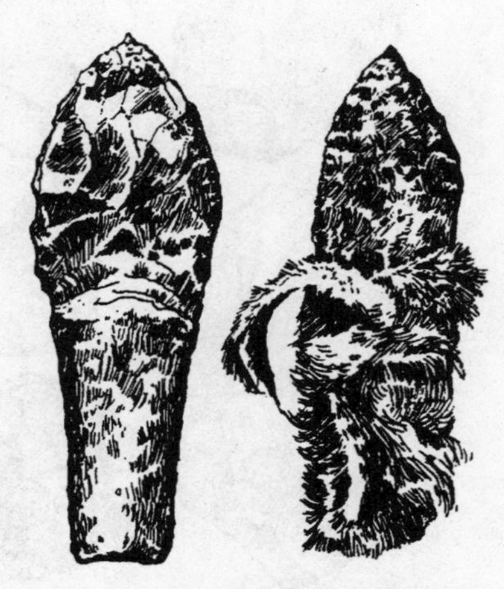

图1—4　莫斯特文化期带柄武器

山西丁村文化，是我国旧石器时代中期的典型遗存之一。石器以砍砸器、三棱大尖状器为主，重要的是有少量石器开始第二步的修整加工。山西阳高县许家窑是目前我国旧石器中期古人类化石和文化遗物最丰富的遗址，不少石器经过第二步加工，

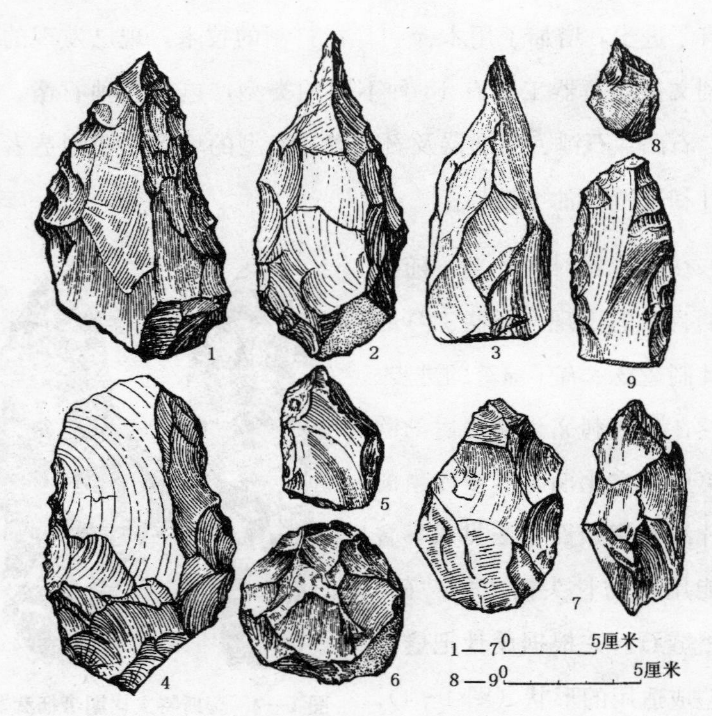

图 1—5　丁村文化石器

1. 鹤嘴形厚尖状器　2、3. 三棱大尖状器　4. 薄刃多边形器　5. 刮削器　6. 石球　7. 多边砍砸器　8. 小型尖状器　9. 舌形尖状器
（山西襄汾丁村出土）

形制比以前复杂精巧，如短身圆头刮削器，小弧圆形的刃缘经过精细加工，已带有细石器技术的特征，代表了当时的一种进步因素。经过了上百万年的努力，到中国早期智人阶段，人们终于开始和完成了对石器的第二步加工，这不仅在工具的设计制造史上、在改造客观世界上具有重要意义，对于改造人的主观世界同样具有重要的意义。第二步加工的产生，实际上标志着

人类的设计能力有了提高和发展，人的主观意识和主观能动性也有了进一步的提高，人在上百万年的数亿万次的实践中，逐渐感觉和把握了一些有规律性的东西，如对形、造型和对设计的认识，而人的美和审美意识也在这漫长的历史进程中逐渐滋生起来。

在旧石器时代晚期，人类积累了更多的造物知识和设计经验，石器制造普遍经过第二步加工，这一阶段的石器，器形普遍变小，因此有细石器之称。人们用压制法修整石器，能制造更为精巧实用的镶嵌复合工具。细石器技术的出现，不仅使石器类型增多，而且导致了工具和武器的专门化、定型化，许多新型的工具不仅适应于新的生产和生活的需要，在造型设计上也表现出一定的创意性并趋于多样化和复杂化（图 1—6）。

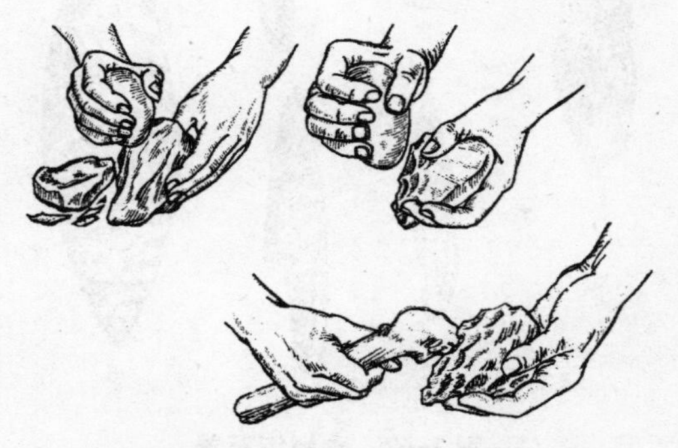

图 1—6　打制石器与压制石片的方法

山西朔县峙峪村峙峪文化属于细石器初期的发生阶段，其特征是细小石器和小石片占多数，并发现了石箭头、钺形小石刀等复合工具。我国旧石器时代中初次发现的这把钺形小石刀，原料为半透明水晶，弧形刃，两平肩之间有短柄状凸出，应该是镶嵌在骨木把内使用的复合工具。石箭头由燧石的薄长石片制成，两侧经过仔细敲击和精心修整成锐利的前锋，全长仅2.8厘米，整体造型对称精美。山西沁水县下川文化距今16 000—36 200年，遗址出土石制品上万件，细石器丰富，具备了细石器文化遗存的一些基本制作技术和主要器形，许多器物已相当定型和精细，它是我国发现的旧石器时代晚期遗址中细石器最丰富发达的一处。典型细石器有采用间接剥片法所产生的细石叶加工成的石镞、石锯、琢背小刀等（图1—7）。石镞，一般都

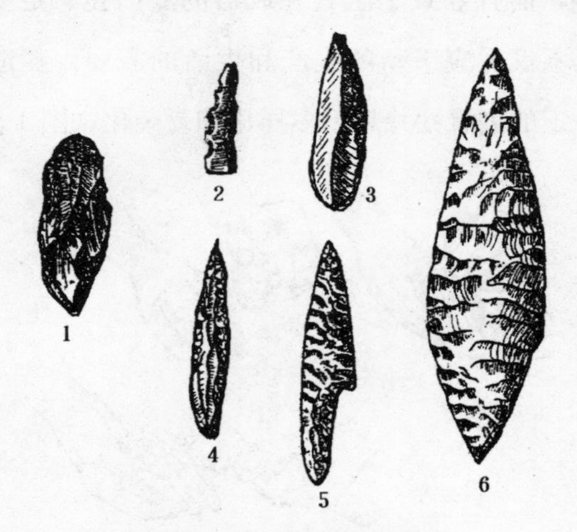

图1—7　欧洲细石器

1、2. 奥瑞纳文化的刮削器　3. 夏代尔贝龙文化的尖状器　4. 格拉维特刀　5. 梭鲁特文化的带肩尖状器　6. 梭鲁特文化晚期的月桂叶形石矛

呈三角形，两侧面对称，并经过精细压制加工，压痕细密匀称有一种稚拙的韵律感；石锯是在一侧或两侧作出几个锯齿，有的还带短柄，可用于锯割；琢背小刀是很有设计特点的石器，一般把厚背修整得齐平，纵剖面呈楔形，据推测可能是嵌入把柄使用的一种中型刀刃。

作为生产工具和武器的骨刀、骨镞、矛头、鱼钩（图1—8）及复合工具、复合武器的出现可说是设计和创新的结果，工具装上木柄更便于使用，武器装上木柄可以投掷得更远，杀伤力更强。骨角工具中的投矛器、鱼叉都是性能良好的工具和武器。这种设计亦导致了弓箭的设计，弓箭的发明是中石器时代石器设计和制造技术的重要成果，并成为原始人的主要武器。恩格斯曾认为："弓箭对于蒙昧时代，正如铁剑对于野蛮时代和火器

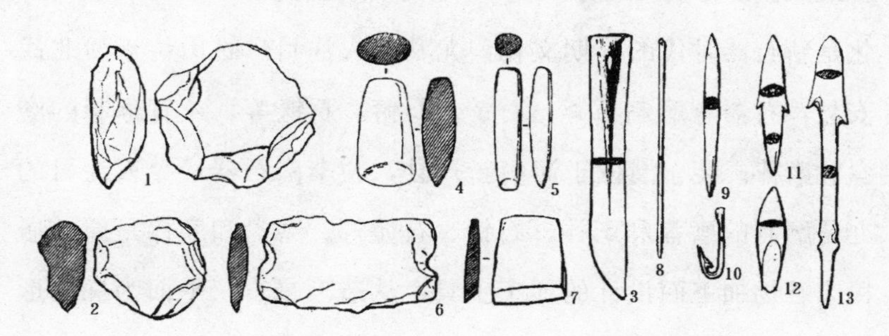

图1—8　仰韶文化的生产工具

1. 石敲石匠器　2. 石刮割器　3. 骨刀　4. 石斧　5. 石凿　6. 石刀　7. 石锛　8. 骨针　9、11、12. 骨镞　10. 骨鱼钩　13. 骨鱼叉（西安半坡出土）

对于文明时代一样，乃是决定性的武器。”① 我们从弓箭这种比矛更有效的武器上似乎更能看到一种设计的智慧和力量。

欧洲细石器的文化遗迹以公元前 7000 年的阿齐尔文化为代表，其继承了旧石器晚期马德格林文化传统，石器和骨器都保持了马德格林的样式，但设计和打制技术有了很大进步，如类似柳叶形的箭镞，有一个短柄可以安装箭杆。骨制的鱼叉不仅设计有两排倒刺，在鱼叉的基部又设计了一个小孔，用来系绳，其设计真是别具匠心。

新石器时代是以磨制石器为标志的。进入新石器时代，石器工具进一步多样化。中国的新石器文化极为丰富，20 世纪 50 年代以来发现的新石器文化遗址有七千处以上，遍及全国各地，正式发掘的亦有一百余处。70 年代末期发掘的磁山、裴李岗文化是新石器时代的早期文化，尤其令人注目。磁山位于河北武安县，石器有磨制石斧、石铲、石锛、石镰等，还有琢制的磨盘和磨棒。裴李岗位于河南新郑县，裴李岗石器最令人注目的亦是磨制的磨盘和磨棒、石铲、石镰等。磨盘和磨棒是原始居民为谷物加工而设计的加工工具，从造型来看，平面为椭圆形或柳叶形，磨盘下根据需要设置了四足（图 1—9）。裴李岗石器中的石镰在设计上亦有特点，造型呈拱背长三角形，刃部设计

① 《马克思恩格斯选集》，2 版，第 4 卷，20 页，北京，人民出版社，1995。

有细密的锯齿，以利收割，柄部宽而上翘，这一设计亦有利于收割中减轻人的劳动强度（图 1—10）。

图 1—9 裴李岗新石器时代遗址出土的石磨盘 原始初民用来加工粮食

图 1—10 裴李岗石镰

二 串饰为美

从旧石器时代中期后人类已经开始使用骨角工具，旧石器时代晚期，随着工具制造技术的进一步发展，骨角器的设计与制造根据用途而趋于专门化，不仅有作为生产工具和武器的骨刀、骨镞、矛头、鱼钩和作为日常用具的骨刮、骨针，还出现了作为装饰品的骨制头饰、耳饰、项圈等器物类型。

装饰品的出现，标志着人类另一类需求的产生，这就是对“美”的追求。

人们常说爱美是人的天性，这种天性也许从人真正作为“文化”的人而产生时就同时存在了。美，是由劳动中产生并创造的；美，亦是设计的产物。从石器的制造来看，磨制石器的出现，除了使刃部更为锋利的实用功能的因素外，美的追求是一个重要的因素。

格罗塞在《艺术的起源》一书中认为，一件用具的磨光修整也是一种装潢，他写道：“把一件用具磨成光滑平正，原来的意思，往往是为实用的便利比审美的价值来得多。一件不对称的武器，用起来总不及一件对称的来得准确；一个琢磨光滑的箭头或枪头也一定比一个未磨光滑的来得容易深入。但在每个原始民族中我们都发现他们有许多东西的精细制造是有外在的目的可以解释的。例如爱斯基摩人用石硷石所做的灯，如果单单为了适合发光和发热的目的，就不需要做得那么整齐和光滑。翡及安人的篮子如果编织得不那么整齐，也不见得就会减低它的用途。澳洲人常常把巫棒削得很对称，但据我们看来即使不削得那么整齐，他们的巫棒也不至于就会不适用。根据上述的情景，我们如果断定制作者是想同时满足审美上的和实用上的需要，也是很稳妥的。”① 在实用之上或者说在实用之外，美的追求或装饰的追求成为人们努力的目标和动力。

在我国，磨制工艺出现的最早实例是旧石器时代中期的北京周口店龙骨山新洞出土的磨制骨片，新洞是北京猿人与山顶洞人的中间环节。旧石器时代晚期的宁夏灵武县水洞沟发现一件用骨片磨制的骨锥和用鸵鸟皮磨制的圆形穿孔饰物；在山西峙峪遗址亦发现一件磨制穿孔的扁圆形石墨饰物；河北阳原县虎头梁遗址发现了 13 件装饰品，如穿孔贝壳、钻孔石珠、鸵鸟蛋皮和鸟骨制作的饰物，还发现了用于染色的赤铁矿块；在东北地区的辽宁营口金牛山还出土两件磨制骨器，一是亚腰形穿孔骨器，一是骨锥；湖南桂阳木墟岩亦出土一件磨制刻纹骨锥。

最具代表性的是山顶洞遗址出土的 141 件饰物，其中有用穿孔兽牙、海蚶壳、石珠等制作的项饰（图 1—11），还有小砾石、青鱼上眶骨和刻沟的骨管等饰物，仅穿孔兽牙就有 120 个，7 个穿孔石珠加工精巧细致，有的饰物还用赤铁矿粉涂染成红色，这是迄今发现的最早的染色饰品；据推测这些饰物是用皮条穿成串，或佩于衣服或系于颈、臂，作为装饰品。

---

① ［德］格罗塞：《艺术的起源》，89 页，北京，商务印书馆，1984。

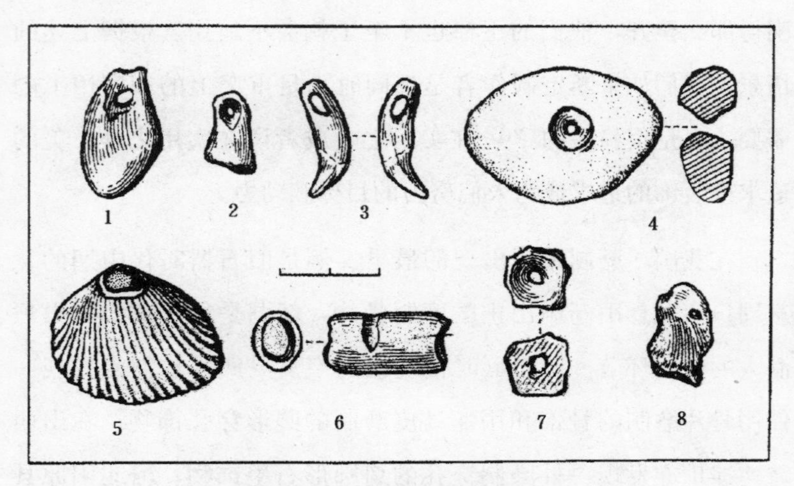

图 1—11　山顶洞人的装饰品

1、2、3. 穿洞兽牙　4. 穿孔小砾石　5. 穿孔海蚶壳
6. 骨管　7. 小石珠　8. 钻孔鲩鱼眼上骨

欧洲旧石器时代遗址也出土了一些类似的装饰品，如用猛犸象牙制作的骨镯、骨珠；还发现了一些被考古学家称作“护符”的佩饰，这种护符一端有孔，用于系佩，如法国方特高姆洞出土的刻有麝牛和人像的骨片护符等，1834 年法国考古学家在勒·查菲特洞穴发现刻有两只母鹿形象的骨片（图 1—12）；与此同时在蒙特·斯拉维的维里发现了两件马格德林期的装饰性雕刻作品，一件刻有奔跑的动物，一件刻有三个同心圆和一个鱼骨形图案。1864 年在拉·玛德伦岩棚又发现一片雕有一只长满软毛的长毛象的骨雕残片（图 1—13）。

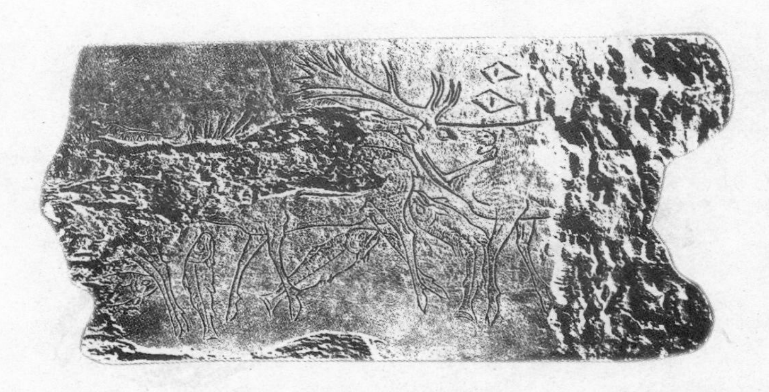

图 1—12　法国勒·查菲特洞穴发现的旧石器时代刻有母鹿形象的骨片

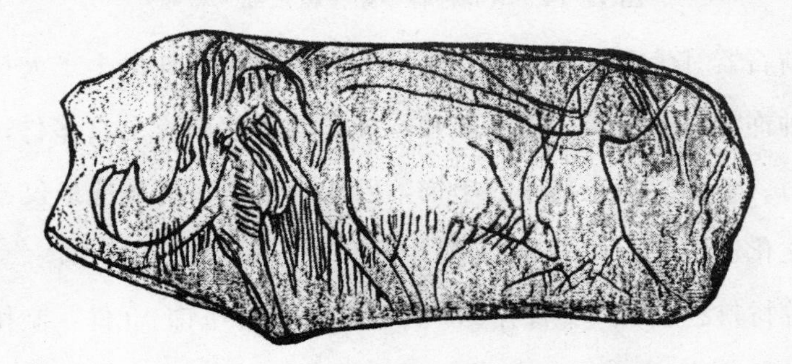

图 1—13　在拉·玛德伦岩棚发现的骨雕残片

在欧洲，还发现了一些工具上的装饰，如 1840 年在法国布鲁尼克地区发现的投枪残部，这投枪是用驯鹿角制作的，上面刻有一跃马的形象，其时代属于马德格林中期，是西方发现最早的旧石器时代圆雕作品（图 1—14）。

从山顶洞人使用项饰等饰物起，作为原始初民的一种重要的装饰，各种饰物一直存在于石器时代的各个文化之中。在新石器时代，各种装饰物更是原始初民不可或缺的文化品物。我

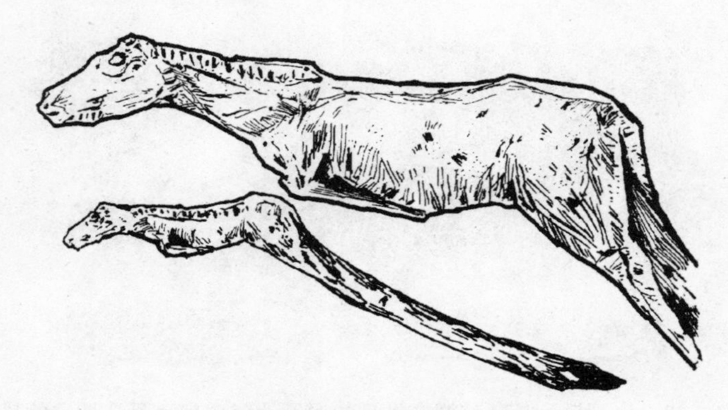

图 1—14　马德格林中期投枪残部（局部）

国新石器时代重要遗址之一黄河中游的半坡遗址出土了大量的各种饰物，仅锥形、丁字形和圆柱形的骨笄就有七百多件；用玉石、牙骨、贝壳制作的串饰，已相当精美，姜寨遗址仅第一期文化遗存中，出土的饰物共 385 件，采用石、骨、陶、蚌、牙等材料制成，其中骨笄 178 件，绿松石等坠饰 49 件，制作串饰的骨珠达 14 047 枚。

当然，随着生产力的发展，装饰品愈来愈多地出现在人们的生活之中，成为生活中不可缺少的东西，亦成为一大文化景观。

在山顶洞遗址出土物中，还出土了作为服装信物的一枚骨针，此骨针长 82 毫米，最粗处直径约 3.3 毫米，微弯，表面光滑，针孔细小，针尖锐利，这是一件实用的缝纫工具，说明山顶洞人在距今约两万年前已经能够用兽皮缝制衣服了，这与中国古史的记载亦相吻合。《绎史》引《古史考》记载："太古之初，人吮露精，食草木实，穴居野处。山居则食鸟兽，衣其羽皮，饮血茹毛；近水则食鱼鳖螺蛤，未有火化"。《白虎通》号篇亦有原始初民"茹毛饮血，而衣皮苇"的相似记述，所谓衣羽皮、衣皮苇即远古的服装主要是以来自自然界的兽皮、鸟羽或苇草之类的材料制作的，这里，原始的服装起到了遮身、防护甚至美化的功能。山顶洞出土的骨针表明，当时的原始先民们已经设计出利用缝纫加工的方法制作服装，即创造出了属于自己的服饰的文化。骨针是设计的产物，即是为服装的加工制作而设计的专用工具，如今看起来十分平常的"针"，在设计之初，应是凝聚了多少奇巧的构思和实践的智慧啊！

服装既是实用的产物，又是美的产物。它与串饰一起，组成了原始人类最初的审美篇章。诚如从水滴可以见太阳一样，从一枚骨针和与骨针相系的服装上，从那一串串简陋、原始的项饰中，我们看到的不仅是服装和项饰本身的存在，更看到了其中包蕴着的来自人类心灵深处的那种对美的追求和冲动。这种对美的追求和冲动，常常具有惊人的力量。格罗塞在《艺术的起源》中曾引述了达尔文与原始民族在选择服装和装饰方面的故事。达尔文曾将一段红布送给翡及安的土人，看见那土人不把布段作为衣服，而是和他的同伴将布段撕成了细条缠绕在冻僵的肢体上作装饰品，他以为很奇怪。作为人类学者的格罗塞认为，这种行为并不是翡及安人所特有的，在卡拉哈利沙漠里或在澳洲森林里都会遇到同样的情景。即几乎所有原始民族都同样如此。除生活在极其寒冷的北极部落外，一切狩猎民族的装饰总比穿着更受注意，因为“他们情愿裸体，却渴望美观”①。

美感是人类在自身的进化过程中通过劳动和创造逐渐生发和形成的。即人类最初的审美意识和美感不是天生的，而是在劳动中、在创制和使用工具、用具的生产的过程中产生与发展的。

① ［德］格罗塞：《艺术的起源》，42页。

第二节　造型成器

一　炼土为陶

新石器时代的基本特征是农业、畜牧业的产生和磨制石器、陶器、纺织的出现。根据史前考古学研究，新石器时代的前期文化阶段即公元前 7000～前 6000 年，农业、畜牧业已经确立，并成为主要的经济来源，磨制石器普遍使用，开始制作深钵形陶器。公元前 6000～前 5000 年的中期文化阶段，发明了彩陶和纺织技术，人形陶偶增加，开始饲养作为家畜的牛。公元前 5000～前 4500 年的后期文化阶段，已形成大规模的聚落，以制作精美的彩陶和营建神庙为特征，社会分工显著，阶级分化萌芽。

图 1—15　湖南道县玉蟾岩遗址出土的陶罐

陶器是新石器时代农业和定居生活的标志，亦是人类设计史上的一个重要里程碑。中国现今发现最早的陶器距今约一万年，如湖南道县玉蟾岩遗址出土的陶罐（图 1—15）是迄今为止出土最早的陶器之一，年代约在一万年前，处于旧石器时代向新石器时代过渡时期。1977 年江苏溧水神仙洞和江西省万年县仙人洞也出土有近万年的陶片，溧水神仙洞出土的陶片，呈不规则形，质松多孔，烧成温度不高，具有一定的原始性。[①] 1960 年发掘的江西省万年县仙人洞，是中国新石器时代早期重要的遗址之一，下层陶器以夹砂红陶为主，器形有罐、豆、壶等。[②] 这些陶器烧造火候低，陶色不纯，厚薄不均，制陶技术上表现出相当的原始性。从装饰上看，仙人洞下层陶器绝大多数饰粗细绳纹；上层陶器仍以夹粗砂红陶为主，但烧造工艺有明显进步，从陶系、纹饰到器形都有发展，纹饰除绳纹外还有蓝纹、方格纹等。

自新石器时代早期发明陶器以后，在整个新石器时代陶器都是重要的生产和生活用具。在不同的历史时期，陶器经历了一个由器形简单、制作粗糙、品种少、火候低到器形复杂、制作精致、品种增多、火候高的发展过程。早期的陶器以实用陶器为主，主要种类是蒸煮食物用的炊器、食器；中期不仅炊器、食器的品种有所增加，又出现了盛器；晚期又增加了饮器。新石器时代早、中、晚各期陶器的品质、装饰、颜色和制作工艺

① 参见葛治功：《溧水神仙洞发现的一万年前陶片》，江苏省哲学社会科学联合会《1980 年年会论文选》，考古分册。

② 参见《江西万年大源仙人洞洞穴遗址试掘》，载《考古学报》，1963（1）；《江西万年大源仙人洞洞穴遗址第二次发掘报告》，载《文物》，1976（12）。

等方面都有显著的变化，从烧造上来看，早期陶器都在氧化气氛下烧成，因此陶器多呈红色；晚期陶器都在还原气氛下烧成，陶器都呈灰黑色。早期陶器器表多素面或仅有一些简单蓖纹、锥刺纹与画纹装饰；中晚期，陶器表面除有较多的绳纹、篮纹外，还施用彩绘。早期陶器以手制为主，中晚期则是以慢轮修整和轮制为主。

中国新石器时代早期有代表性的陶器文化是磁山、裴李岗文化，距今约八千年。磁山文化因遗址首先发现于河北省武安县磁山而得名，陶器是当时主要的生活用器，有深腹罐、盂、三足钵、碗、盆、双耳壶等；制作方法有泥条盘筑和捏制两种，装饰以绳纹为多，并有蓖纹、画纹、附加堆纹等。裴李岗文化陶器以三足钵为代表（图 1—16），器表一般装饰绳纹、蓖纹，并有用锥状器刻画的波折纹、画纹等。

新石器时代中期遗存以仰韶文化为代表。仰韶文化是 1921 年首先在河南省黾池县仰韶村发现而命名的，其区域广阔，文化内涵丰富，其陶器的生产，已达到了较为成熟的水平，制作工艺上仍以手制为主，但在成型方法上，却有了很大进步。从成型上看，有的小件器物由捏塑而成，大件器物为泥条盘筑，有的器物采用了慢轮修整技术（参见图 1—17）。

陶器的发明是人类社会发展史上最伟大的创造之一，“是人类最早通过化学变化的方式将一种物质改变成另一种物质的创造

图 1—16　裴李岗三足钵

裴李岗新石器时代的典型器物，距今约八千年。

图 1—17　旋涡纹彩陶四系罐

新石器时代马家窑文化陶器。

性活动"①，亦是人类造物和设计史上划时代的里程碑。

从技术上而言，制陶即使用黏土经水调和，塑成一定的形状，干燥后经火加热到一定温度，使之烧结成为有一定硬度的陶器。关于陶器的发明，它涉及许多方面，为中国文明所知习的金、木、水、火、土五大自然事相与陶瓷的发明都有关系。它首先是人类用火的历史经验的产物，在长期的实践中，人们掌握了成型黏土经过火烧后发生的变化，从而有意识地运用火

① 中国硅酸盐学会编：《中国陶瓷史》，1页，北京，文物出版社，1984。

来煅烧陶器；二是人们认识到黏土加水后经调和可以塑造。这种经验在旧石器时代晚期人类已在用黏土塑造某些形象时获得，如欧洲马格德林文化时期就有黏土塑造的牦牛的形象（图1—18）。如果说喜欢用黏土进行某些形象的塑造是原始人所共同的特点，那么，用黏土塑造形象这亦可以看作是人类在进化过程中积淀的造型意识的发扬和自觉实践。

图1—18　马格德林文化时期洞穴中用黏土塑造的牦牛形象

原始制陶的成型方法一般有泥片贴筑法、泥条盘筑法和轮制成型法三种。泥片贴筑法即泥片贴敷模制法，用泥片贴敷或捏塑的方法塑造陶器，是一种最原始的制陶方法。江西万年仙人洞、裴李岗陶器有的即用这种方法制作。泥条盘筑法是将拌制好的黏土搓成泥条，从器底起将泥条依次盘筑成器壁直至器口，再用泥浆胶合成全器，最后抹平器壁盘筑时留下的沟缝；有的则采用拍打的方法使器壁坚实，即一手在器内持陶垫或卵石顶住器壁，一手在器外持陶拍拍打，使器壁均匀和结实。如陶拍上印有花纹，则器表会形成一定的装饰性纹样。

轮制成型法是在前两种方法的基础上产生的一种具有半机械性的制陶方法，它借助“陶车”这一简单机械对陶坯进行修整。我国古代文献中又称这种机械为“陶均”，实际上它是一个圆形工作台，台面下的中心处有圆窝置于轴上，可围绕车轴作平面圆周运动。如将陶坯置于工作台面的中心，推动台面旋转，便可以用手或借助工具对器形进行修整。据研究，最原始的陶车可能在新石器时代中期已经出现，轮制陶器是制陶技术发展史上的一个重大变革和飞跃，作为工具的陶车实际上是现代机器机床的发端，它不仅提高了生产力，亦标志着生产作坊和社会分工的出现。

原始陶器的烧制，最早是采用平地堆烧的方法，将陶器夹在木材之间堆放在平地上进行烧造，云南傣族至今仍有使用这种无固定窑址的平地堆烧法烧造陶器的，使用这种方法烧造陶器，烧成温度不高，受火面不均，因此强度不够。当陶窑出现后，这些问题就逐渐得到解决。现代田野考古中发现的新石器时代窑炉遗址，按其结构可分为两类，一是横穴窑，一是竖穴窑。横穴窑一般有较长

图 1—19　原始社会使用的竖穴窑
窑室位于火膛之上。

的火膛，焙烧陶坯的窑室置于火膛的末端之上；竖穴窑焙烧陶坯的窑室直接坐于火膛之上（图1—19）。使用陶窑烧造陶器，烧成温度可达到900～1 000℃以上。

陶器的装饰，具有加固陶坯和美化的作用。不同的纹样和装饰往往代表了不同的文化、地域风格和时代特征。原始陶器的装饰方法主要有压印、拍印、刻画、彩绘、附加堆纹、镂孔等。压印，如绳纹等的压印，采用细木棒上缠绕绳子为工具，在未干的陶坯上压印纹饰；绳纹是一种比较原始的纹饰，从江西万年仙人洞开始几乎流行于整个新石器时代。拍印，使用刻有条形、方格或几何形的木板、陶拍在未干的陶坯上进行拍打，则出现篮纹、方格纹和几何形纹，如在陶拍上缠上绳子，拍印出的即绳纹；刻画是以细木棒为工具，在陶坯上画成弦纹、几何形纹等纹饰，或使用戳印的方法戳成点纹，也有使用蓖状器压印蓖纹、篦点纹；彩绘即彩绘陶器（图1—20）；附加堆纹是指在陶器表面附加泥条、泥饼或用细泥条组成花纹等；镂孔，是在圈足器上镂成方孔、圆孔或三角孔等作为装饰。陶器的装饰是陶器造型的一部分，装饰的能力亦是造型能力的一种表现，这种能力的养成是与人类上百万年的石器时代的劳动和创造是分不开的。

二　造型成器

从打制石器到制造陶器，人类经过了一个从对形的意识、

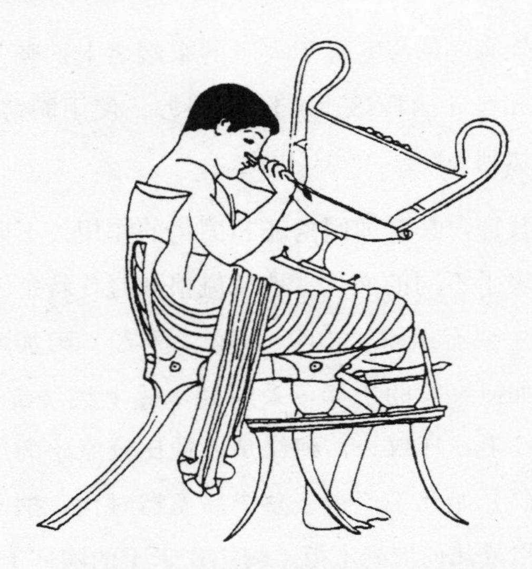

图 1—20　古希腊时期陶器艺人在绘饰陶器

认识到形的塑造即造型的漫长的进化过程，从造型的角度仔细审视这一过程，不难发现从打制石器到制造陶器，人类所从事的设计和造物实际上是一种造型活动，而这种造型活动正是建立在对形的感受和认识基础上的。

从发生学角度看，人类对形的认识应该早于人的造物活动，我们生活在一个感觉的世界中，生活在自然界，自然界除空气外的物体都有自身的形态，同自然界的各种物体打交道，必然时时会感受到形的存在。对形态的感受主要是视觉的，有研究表明，视觉在人类感觉世界中占支配地位，视觉不仅向我们提供了我们对之作出反应的环境中的大部分信息，而且在感觉系统中明显地占主导地位。① 事实上，在人类生命的早期，视觉就开始用以探察世界的种种形状、特征和变化，视觉对形态的探索是人类最经常的活动。从感觉到知觉，从意识到认识，进而发展到能通过造物的方式对形加以改变和塑造。

对形的真正认识和把握产生于造物活动之中，即在最初的打制石器的过程中，人们发现随着打制动作的变化，形态会不断发生改变，从而认识到形的可变性和形的可塑性，逐渐形成一定的造型观念。打制石器的过程，是一个不断改变原有形状、产生新形态的过程，即造型的过程。

石器打制技术的进步和发展，可以说是人类对形的认识能力和造型能力的进步和发展。旧石器时代初期，石器的打制方法十分原始，仅作简单敲击，初步打成什么样子就是什么样子，这时人类对形的认识和对造型的把握都处于幼稚的初始阶段，造型能力很弱；其后，人们开始学会了绕着砾石边缘向中心打击打下石片，发展到旧石器晚期，能从角锥形石核上直接敲下石片，打击方向亦从斜打变为垂直打，并发明了间接打击法，打制技术的进步实际上表明了造型能力的显著提高，从而对形态有了新的功能和审美方面的要求，进一步导致修整技术的改

① 参见［美］托马斯·贝纳特：《感觉世界——感觉和知觉导论》，86 页，北京，科学出版社，1983。

进和磨、钻技术的产生。

石器的造型，是通过打制对石核实体进行的剥离，即做减法，诚如现在的大理石雕刻。而陶器的造型则是做加法，不是对实体的剥离而是通过堆塑的方法塑造容器空间。在陶器的制作中，无论是泥片贴敷还是泥条盘筑，目的都是围合一个容器空间，其造型只能是堆塑而不是剥离，这是两种不同的造型方法。

制造器物的能力是人类独有的造型能力的表现和反应，是对形的认识和构想。造物与造型是联系在一起的。造型的要素是形态。形态可分为现实形态和概念形态两种。在我们的经验体系中能够被实际看到和触到的形，即所谓的“现实形态”，另一种形态是视觉和触觉不能直接感觉的形，即所谓的概念形态。现实的形态进而可以分为自然形态和人为形态。概念形态和现实形态之间有互为转化关系，在造型设计过程中，概念形态可以转化为现实形态，如一个设想一种构思，通过设计表现和制作，而具体呈现为可以观看的实体的形。概念形态是不能直接被知觉的，它要能够被知觉，就必须转化为可见形态，即通过视觉符号的方法呈现出来，人们把这种不同于自然形态和人为形态的可见形态如三角形、圆形等几何形称为“纯粹形态”，和几何学中一样，点、线、面、立体是纯粹形态的基本形式，它是把概念的几何学形态变为可以感觉的直观化了的东西。纯粹形态作为概念形态，虽然与现实形态相对，但它却是所有形态的基础。因为作为基础形态，必须是多数形态中共同存在的单位或形态要素，人们通过这些单位或要素的集聚、删减、分割、变化，或扩大、缩小、形变等手段，便能产生出千姿百态的各种形态。在专业研究中，这诸多形态又可归为直线系和曲线系两类线型或以正方形和圆形为代表，在此基础上配列出各种各样系统的形。正方形和圆形是互为对比的形态，同时两者又具有规则、构造单纯的共性。将正方形作为直线系的出发点，圆形作为曲线系的出发点，两者的中间系则增加由直线和曲线构成的诸多形态，有人把这种变化设计成了一棵形的系统树（图1—21）。[①] “纯粹形态是现实形态舍去种种属性之后剩下来的形式……是现实形态的构成元素和初步表现。”[②] 因此，这些纯粹形态作为造型设计的表达语言，对于设计是十分重要的，它是产生新的现实形态的中介环节。

现实形态具有与纯粹形态不同的重要性。在设计中，人们一方面创造着物——现实形态，而且对照着作为自然的现实形态，去表现它，去模仿它，去利用它，而创造出新的人工的现实形态。大自然是最杰出的设计师，自然形态是设计造型的优秀原型，在人类的造物史和艺术史上都可以明确地看到这一点。在原始初民的造物设计中就把自然作为各种形态和造型的主要

①② 山口正城、冢田敢：《设计基础》，载《设计》，1981。

图 1—21 形态演化的系统树

依据，如中国新石器时代的陶器，器皿造型相当多的以自然界的植物、动物形态为原型，半坡型细颈陶壶、马家窑型束腰陶罐、半坡型陶钵、葫芦型陶瓶、马厂型陶勺以及半山型彩陶壶上的葫芦形纹等都是模仿植物葫芦的形态而成型的（图 1—22）。模仿动物形态而造型的如庙底沟型陶鸮鼎（图 1—23）、大汶口文化的猪形陶鬶（图 1—24）、山东胶县三里河出土的兽形陶壶（图 1—25）和猪形陶鬶、良渚文化的水鸟形陶壶、陕西武功出土的龟形陶壶等都是以动物形态为造型依据的。人当然也属于自然形态

图1—22 网纹彩陶葫芦形罐
马家窑文化彩陶。

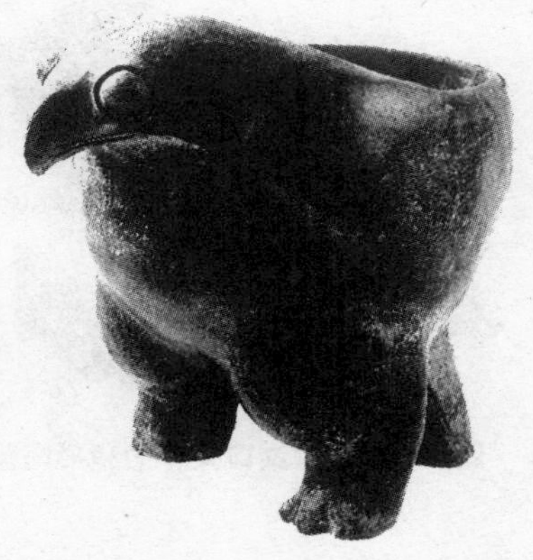

图1—23 庙底沟型陶鸮鼎
又称陶鹰尊，泥质黑陶，以鹰为造型，气势雄壮，敦厚。

的一部分，因此也有模拟人物形态的造型器物，如甘肃东乡自治县出土的人头形陶器盖、甘肃玉门火烧沟出土的人足形陶罐等。在造物中对人工形态的模拟也是造型原形的一部分，如半坡型的船形陶壶（图1—26）。在模拟自然形态的基础上，人类逐渐积累了造型的经验，进而能按照生活的需要创造无数新的人工形态，即根据生活需要而造型。在现代设计中，模拟自然物的造型发展为一种专门的仿生学，它不仅在造型的意义上仿生，而且在生理物理等内在结构上仿生，仿生设计成为设计中的手段之一，但形态的仿生仍是造型的重要原因。

图 1—24　大汶口文化的猪形陶鬶　图 1—25　大汶口文化的兽形陶壶

图 1—26　半坡型的船形陶壶

自然形态是经过若干万年的缓慢发展而形成的，其形态的变化也极其缓慢，人为形态的变化则越来越快，现代几乎可以说日新月异了。形态与我们的设计具有重要的关系，与我们人类的生活也具有极重要的意义。如何去创造和设计使人感到美好和愉悦的形和形体，对于设计而言就不仅仅是创立一个新的形，而根本意义上则是创造人类新的生活伴侣和培养创建人类新的对形的感知方式。

人类对形态的感知和掌握经历了数十万年乃至上百万年的历程，人类如今发达的造型能力和对形态的认识正是上百万年来通过打制石器的劳作、造物所获得的必然结果和回报。可以说，从造型到造器，人类完成了一个个飞跃，新的设计、新的造物正是建立在这一基础上的。

第三节　造物的文化与艺术

一　造物的文化

从石器开始，人类就一直不断地在造物，为生命的生存为生活而制造一切所需要的工具和物品。专业研究中，把这种人工造物的世界指称作“人工界”，又称之为“第二自然”。我们生活的世界，首先是自然界，随着人造物的增加，从器物到建筑，从工具到用具、武器，衣、食、住、行、用各种物品，形成了一个相异于自然的人造物的世界。人作为自然的一部分，他一方面置身于自然之中，在利用自然的同时改造着自然，又建造着另一个不同的“自然界”。在这种利用自然、改造自然的活动中，造物活动可以说是人类最重要和最伟大的活动，也是最根本最关键的生存活动。

这里，所谓造物，即指人工性的物态化的劳动产品。是使用一定的材料，为一定的使用目的而制成的物体和物品，它是人类为生存和生活需要而进行的物质生产。造物活动是指人类造物的劳动过程、方式及其意义。在造物的大千世界中，工艺美术或者说艺术设计的产品，属于艺术质的造物，它以其独特的审美和艺术性而区别于一般的造物。

造物与自然物的本质区别是其“人工性”，人工性也就是人的文化性。美国学者赫伯特·西蒙从人工科学的角度认为人造物的基本特征是：1. 人工物是经由人综合而成的；2. 人工物可以模仿自然物的外表而不具备被模仿自然物的某一方面或许多方面的本质特征。3. 人工物可以通过功能、目标、适应性三方面来表征。4. 在讨论人工物时，尤其是设计人工物时，人们经常不仅着眼于描述性，也着眼于规范性。[①] 这即是说，人造物的本质特征是人工性及其人所赋予的目的性和价值。

人从自然的物质世界出发，利用自然界所提供的材料，用自己的智慧和双手通过造物活动，创建了一个人造物的世界。这个被誉为“第二自然界”的造物世界，不是一个无生命的物的世界，而是人生活世界的一部分，人文化活动的一部分。人造物的目的、人类造物活动的目的不是以造物为终点的，而是以满足人类的需要为目的的，造物在满足需要的前提下，只作为一个手段而存在。

造物是文化的产物，造物活动是人的文化活动。造物本质上是文化性的，它表现在两方面，一是人类的造物和造物活动作为最基本的文化现象而存在，它与人类文化的生成与发展同步，并因为它的发生才确证着文化的生成。二是人类通过造物

① 参见［美］赫伯特·西蒙：《人工科学》，9页，北京，商务印书馆，1987。

和造物活动创造了一个属于人的物质化的文化体系和文化的世界。

人与动物的本质区别就在于人能够根据自己的需要而造物。正如美国人类学家约瑟夫·莱昂所指出的那样，人作为文化的动物，在从动物转变到人类这一点上，人类区别于动物的特征是通过工具、火和语言的使用以及他的艺术显示出来的。造物构成了人与动物相区别的一个重要标志。人原来与动物一样，生活在大自然所提供的生态环境中，并屈从于环境及自身生物体的需要。但是，人在自己的生存过程中学会了造物，并用造物这一利器划开了与动物间的界限，踏上了文化的道路。这就是说当人开始以人的姿态从事造物即制造工具时，文化就产生了。石器是人类最早的文化品物。从石器开始，人类的文化史在相当长的时期内实际上是一部造物文化史。

作为文化创造者的人类以造物的方式为人自身服务的同时也确证着人的文化性存在。恩斯特·卡西尔曾写道："人的突出特征，人与众不同的标志，既不是他的形而上学本性也不是他的物理本性，而是人的劳作。正是这种劳作，正是这种人类活动的体系，规定和划定了'人性'的圆周。语言、神话、宗教、艺术、科学、历史，都是这个圆的组成部分和各个扇面。"① 造

① ［德］恩斯特·卡西尔：《人论》，87页，上海，上海译文出版社，1986。

物活动作为人类最基本的劳动，它充分体现了人类劳动的伟大意义和价值，也使劳动成为文化性的劳动。

文化以及文化的创造，使人能够以自身的努力适应环境的变化，并在其中自由自在地生活。发展变化的人造环境，使人类生活中受自然支配的因素越来越少，受文化支配的成分越来越多。生活的基本资料、语言、传播、技术、资本、住房、食物、衣服、装饰品，以及日常生活过程、劳动、分工、交换、旅游、艺术或宗教、社会阶层、政治组织，乃至个人的思维方式、行为举止都为文化所规定所塑造。因此，人与文化实际上是不可分离的，文化是人的产物，人也是文化的产物，人创造文化，文化造就人。

文化成了人的本质属性之一。那么，什么是文化呢？文化学研究者为文化作了许多不同的解释和定义。英国人类学家泰勒认为："文化或文明，就其广泛的民族意义来说，乃是包括知识、信仰、艺术、道德、法律、习俗和任何人作为一名社会成员而获得的能力和习惯在内的复杂整体。"① 苏联学者卡冈则认为："文化是人类活动的各种方式和产品的总和，包括物质生产、精神生产和艺术生产的范围，即包括社会的人的能动性形

① ［英］泰勒：《文化之定义》，见《多维文化视野中的文化理论》，118 页，杭州，浙江人民出版社，1987。

式的全部丰富性。”① 在卡冈的论述中可以看到他比较重视物质文化的重要性，认为人类活动的一切产物都是文化的产物。

美国人类学家弗朗兹·博阿兹曾把文化分为三类：

1. 物质文化，包括食物的获取，保存、加工、房屋、衣服、制造工艺的过程、物产、运输法等。

2. 社会关系，包括一般经济状态，财产权、战争、和平时的部落关系，部落内的个人地位、部落、氏族、家庭组织、通信形态、性别和年龄上的个人关系。

3. 艺术、宗教、伦理方面，包括装饰、绘画、雕刻、歌谣故事、舞蹈，对超自然状态、神圣存在状态的态度及行动等。

文化包含着不同的方面，对文化的解释亦是多方面、多角度的，不论角度如何，谁都承认物质文化是人类文化中最基本的文化形态，是文化的物质载体。人类的一切生活都离不开物质文化。在造物的大千世界中，工艺美术或者说艺术设计的产品，属于艺术质的造物，而不同于一般的造物。作为艺术质造物的工艺文化，是人类用艺术方式造物的文化，它以其独特的艺术品格和文化的累积性、承传性和深刻性而成为人类物质文化的代表。

在文化学研究中，文化学者曾将世界古代文明之一的埃及

---

① ［苏］卡冈：《美学与系统方法》，185页，北京，中国文联出版社，1985。

文明的构成归结为 24 种文化要素，即：炼丹术、黄金、珠玉、镶嵌术、铜器和铜制品，宝石饰物、石器打磨术、细石器、釉陶、无釉陶器、釉、船舶、石造建筑、石器、铅、银、槌、矛、机织、太阳之子的观念、不死的观念、木乃伊、雕刻、太阳历、天界说、太阳崇拜，这 24 种文化要素多数是造物并与工艺有关，正是这些用自然材料创造的从石器到金银饰物的造物所形成的工艺文化形态，构成了埃及文化的主体（图 1—27），中国、印度等古代文明也是如此。

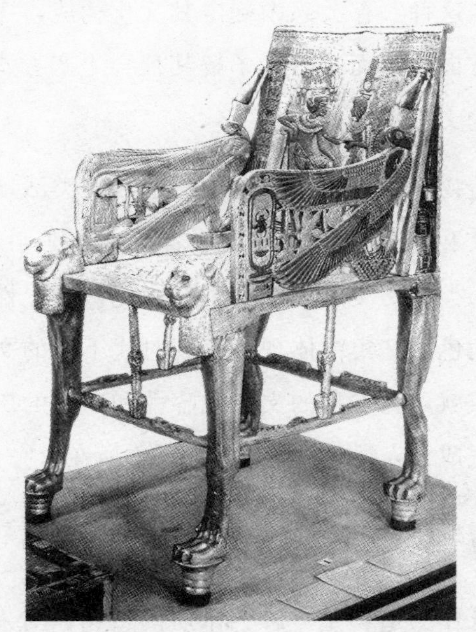

图 1—27　古代埃及能工巧匠设计制造的黄金宝座

工艺文化作为人类历史上主要的文化形态和文化活动，是一个民族文化发展进步的标志，人们通过历史遗留的这些工艺文化品来确证已逝去的文化形态。英国考古学家柴尔德说："一个文化界说为与同样的房屋和具有同样葬仪的埋葬一起重复出现的一组器物。器具、武器、饰物、房屋、葬礼和仪式中所用物品的人工性的特征，我们可以假定是把一个民族团结起来的、共同社会习俗的具体表现。"① 工艺造物在考古研究和文化研究中，成为文化的标志物，是文化类型的标本。人们通过调查、发掘，发现各种类型的陶器、石器、骨角器、装饰品等的组合共存关系，从这种共存关系中确定其文化构成，探究其发展的范围和发展方向，从而进一步了解其社会生产方式、经济组织形态等方面的文化内容。

工艺的造物文化，以其他文化形态和人类活动的其他形式所不具备的文化完整性准确地表征着历史的文明和文化形态。可以说，在人类的历史发展中，工艺文化被历史性地赋予了文化代表者的角色，它集中体现了不同时代不同的文化创造者的智慧和文化成就，它本身的文化包容性和巨大的历史文化的信息含量，是它成为人类文明活化石的根本所在。

二　造物与艺术

产品设计作为造物是一种艺术质的造物，与一般造物如生

① 转引自张光直：《考古学专题六讲》，73 页，北京，文物出版社，1986。

产钢材、砖瓦等不同的是以艺术设计的方式进行产品的设计与生产，使其产品既具有实用的功能，又具有美的形态和审美价值。艺术是文化的一部分，或者说是特殊形态的文化。

在社会文化的整个结构中，艺术受其他文化的影响与整合而成为艺术文化。20世纪50年代，苏联学者卡冈以“文化系统中的艺术”为题对艺术进行了文化学方面的研究，卡冈认为，艺术文化从文化形态上是不同于物质文化和精神文化的一种特殊文化，由此，他将整个文化分为物质文化、精神文化、艺术文化三部分。物质文化是指从自然向文化的转化，包括物质生产的产品和方式；精神文化指由精神生产创造的意识形态方面的文化，两者是互为的。而艺术文化则是这两种文化有机互融的结果。他认为：“人的艺术活动的这种特殊的精神—物质完整性导致了：定形于艺术活动周围的艺术文化不能纳入精神文化的界限内，它在文化的空间中既区别于精神文化，又区别于物质文化，具有相对的独立性。而这就是说，艺术文化的内部结构具有特殊性，既区别于精神文化的结构，又区别于物质文化的结构，因为它由艺术活动本身的特性所决定。”① 卡冈对艺术文化特征的分析，按照我们的理解，正好是对艺术设计或者说是对艺术质造物的工艺美术本质特征的一种分析。艺术设计、

① ［苏］卡冈：《美学与系统方法》，89页。

工艺美术在严格意义说既不是单纯的物质生产也不是精神文化的生产，而是卡冈所谓的艺术文化生产，这种生产具有相对的独立性，它处于精神文化的纯艺术与生活文化之间。艺术设计、工艺美术实际上可以统称为工艺艺术文化，它是处于纯艺术的精神文化和一般造物的物质文化之间的艺术文化。

工艺艺术文化的中心环节是艺术。如果没有艺术，这种文化便会类同于其他文化而失去存在的意义，但如果这种艺术纯精神化，即不以物质或产品的形态出现，那么同样会无意义。在艺术质的造物中，艺术因素是一种本质的要素，它的存在实际上使这种造物更具文化的意义和深刻性，这不仅因为艺术是文化的一部分，更因为艺术是文化以更深刻的方式表达出来的一种特殊文化。

作为艺术文化，其艺术是由设计表征的。造物的过程实际上是一个设计的过程，从本质上看，人类在 200 万年前最初打制的石器，就已经是设计的产物，当然，这种所谓的设计，还处于十分朦胧的状态，即还不是一种自觉的产物；经过几十万年甚至上百万年的努力，当人有意识地对石器进行第二步加工，特别是把这种第二步加工看作是必需的一步时，设计已经开始作为一种有意义的存在而存在了，当设计的自觉意识日益增强，将会导致石器一类的工具种类进一步增多、器形发生变化、功能性增强、样式亦趋于美化。

第2章

华夏意匠

第一节　陶埴之道

一　彩陶与文化

彩陶是指新石器时代产生的绘有红、褐色（黑色）纹样的陶器。其纹样大都是未烧以前画上去的，烧成后彩色纹样固定在陶器的表面而不易脱落。一般来说，彩陶的胎质比灰陶细腻，陶泥经过淘洗，表面磨制光滑，有的表面刷有一层化妆土即所谓“陶衣”。从名称上看，与彩陶容易相混淆的是所谓的“彩绘陶”，实际上两者有很大的区别，彩绘陶是汉代流行的一种在烧成后的陶器上进行彩绘的陶器，主要用作陪葬即“明器”。在现代发掘的汉代墓葬中经常可以看到这种彩绘陶的出土，因大多用矿物质颜料绘制，其颜色鲜艳，但容易剥落。

中国现今发现较早的彩陶距今约六千年左右。最著名的是“半坡彩陶”，半坡位于陕西省西安市东郊半坡村。1954 年至 1957 年中国科学院考古研究所对遗址先后进行了 5 次发掘，据测定，其年代约为公元前 4800—前 4300 年。半坡遗址是首次揭露的一处新石器时代的聚落遗址（图 2—1），这一聚落遗址为复原中国母系氏族的社会生活提供了实证资料。在半坡众多的文化遗物中，彩陶尤其引人注目。彩陶装饰以几何纹为主，如带纹、三角纹、平行线纹、折线纹等。在半坡彩陶中最具特点的是形象生动、结构新奇的人物和动物纹饰。如著名的“人面鱼纹”、“人面纹”、“鱼纹”、“鹿纹”等。

图 2—1　半坡遗址（新石器时代）

“人面鱼纹”（图 2—2）是原始艺术家用独特的抽象和组合创造的文化符号，不同的人物形象结构、表情与鱼形象的组合，在中国文化史上留下了至今尚难以解开的文化之谜。有学者指出：“在后世看来似乎只是美观、装饰而并无具体含义和内容的抽象几何纹样，其实在当年却是有着非常重要的内容和含义，即具有严重的原始巫术礼仪的图腾含义的。似乎是纯形式的几何纹样，对原始人们的感受却不只是均衡对称的形式快感，而具有复杂的观念、想象的意义在内。巫术礼仪的图腾形象逐渐简化和抽象化成为纯形式的几何图案（符号），它的原始图腾含义不但没有消失，并且由于几何纹饰经常比动物形象更多地布满器身，这种含义反而更加强了。”① 距今约六千年前的纹饰，生成时便是一种“有意味的形式”，遥想当年这种有意味的形式，一定是为创造和使用者的部族或人群所共识、共崇的标识，是其共同观念的符号。

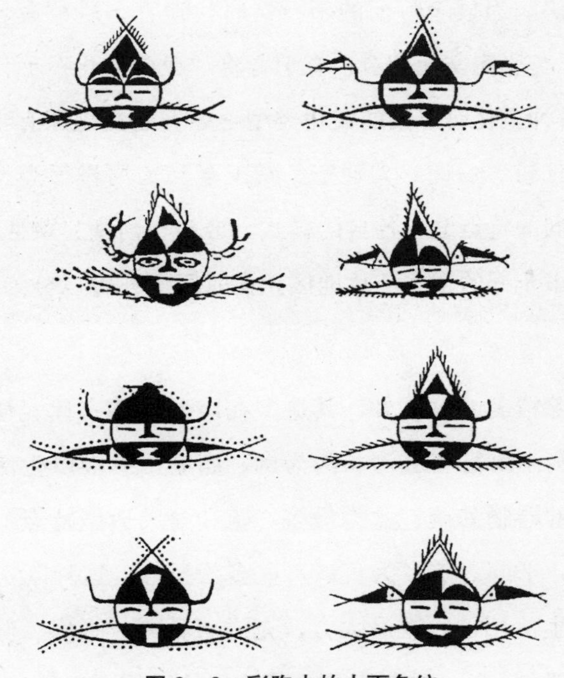

图 2—2 彩陶中的人面鱼纹

半坡彩陶在考古学上被归为“仰韶文化”类型。在新石器

① 李泽厚：《美的历程》，18页，北京，文物出版社，1984。

考古学上，往往按典型陶器的特征区分“文化类型”，仰韶文化最早是瑞典学者安特生提出的，他于1921年发掘河南黾池县仰韶村遗址，发现了具有特色的史前彩陶，并将这处以彩陶为显著特征的新石器时代遗址命名为“仰韶文化”。仰韶文化又被称作“彩陶文化”。1928年中国学者在山东历城龙山镇城子崖发现了以磨光黑陶为显著特征的新石器时代遗存，后被命名为“龙山文化”，与彩陶文化相对，有学者将“龙山文化”称作“黑陶文化”。各种文化有不同的文化类型，如仰韶文化即有半坡、庙底沟、西王村、后岗、大司空、秦王寨与大河村等类型。这些类型有共同的特点又有各自的样式。分布于河南、陕西、山西、河北及甘肃东部的很大一片地区。在时间上亦可以分为早、中、晚等期。

彩陶除精美的纹饰外，其造型在陶器中亦有代表性。以出土较多的河南陕县庙底沟彩陶为例，庙底沟彩陶以生活用器为主，常见的器物如碗、盆为最多。碗和盆的造型特点，一般是大口曲壁，平底。碗多为直口，盆多为折缘，这种既实用又不乏美感的生活用器，敦厚大方，充溢着朴素、平实、健康、向上的精神理念。如一种彩陶盆，其造型的比例，口径（或腹径）是底径的三倍，高约为底径的二倍，底径很小，整个器物几乎呈一个倒置的三角形（图2—3）。正是这种近乎奇巧的造型构思，产生了容量大、使用方便和器形线条劲挺秀美的双重效果，随着器形曲线的长短、曲直、张弛的变化，呈现出器形的多彩多姿：或沉静端庄，或丰腴大方，或劲挺清秀，或活泼舒张，勃发着永恒的活力和魅力，也赋予了生活用器的美的性格，物化着造物者的审美情趣和理想。

图 2—3　彩陶涡纹曲腹盆

高 20.0 厘米，盆上以黑彩绘钩叶、圆点和弧形三角连续纹饰。

彩陶纹饰作为符号是没有文字时代的“文字”，是一种特殊的文字。其实，作为符号，彩陶纹饰从构成上看，还有一个复杂而丰富的层面，这就是美的形式构成与创造。装饰纹样，从分类的角度而言，有几何形纹和自然形纹样两大类，自然形纹样包括人物、动物、植物、自然景物等；从纹样生成、构成和发展的角度看，两大类纹样之间有着一种特殊的内在关系，自然形纹样往往是几何形纹样变化和发生的基础。从发生学的意义上看，人对自然形纹样的认识和表现往往出自一种对自然的模仿，这种模仿可以产生于人类对于几何形这些纯粹形态发生之前的很长一段时期内，随着人类对自然世界认识的加深和数的观念、形态观念的发展，几何形概念和表现得以确立，由自然形纹样向几何形纹样的演变，反映了人关于数的观念和纯粹形态观念的成熟和发展。如前所说，几何形以及几何形纹样在最初的起源意义上都与现实世界密切相关，自然是一切美术形式的范本和原型，几何形纹样也不例外。如半坡、庙底沟的彩陶装饰中的几何纹、宽带纹、三角纹、平行线纹、折线纹等，这些不同的几何形纹实际上都寓有一种从具象到抽象的演变趋势，即其来源与当时通行的动物纹如鱼、鸟等纹饰有关。

用鱼纹装饰的彩陶在半坡类型的陶器上占有一定的比例。在早期，鱼纹大多是单独的，形象写实、生动具体，如鱼的眼睛、牙、须、鳍、尾都作细致描写，比例也比较准确。而到中晚期逐渐夸张、变形和简约化，朝着抽象的方向发展，使写实性鱼纹变为示意性的抽象符号。其方法是采用分解和复合两种方式，分解是将鱼头和鱼身分开，分开的鱼头鱼身再作进一步的概括变形而成为抽象的几何形纹（图 2—4）。

图 2—4　彩陶中的鱼纹，由写实向抽象的变化

有研究者也将庙底沟类型彩陶上鸟纹的演变作了排列，发现鸟纹也类似鱼纹有从写实到抽象的发展演变过程。庙底沟类型早期彩陶的鸟纹，形象写实，鸟身肥硕，张嘴展翅、有目。以后鸟头由三角形变为圆形，鸟喙仅以一短直线表示，鸟身变细长，逐渐简化和符号化，最后使鸟头仅为一圆点，鸟身、翅、尾抽象成三条细弧形线。① 如果将这一符号化的形象相连续，便成为一个二方连续的几何纹（图 2—5）。如果我们单独看最后抽象演变成的符号，我们几乎不可能解读出是“鸟”，而只能指认为是无意义的几何形。但从其演变的历程来看，我们即可知道这种抽象的一个由圆点和三条弧形线组成的符号是“鸟”，是由写实的鸟形演变而来的。这一抽象化的“鸟”形符号对于当时的所有使用者而言，应是非常明确的，他们一定十分清楚地知道这就是“鸟”，与写实的“鸟”无异，只不过是形象更简洁更容易识别罢了。在这里，为当时所有使用者所识别

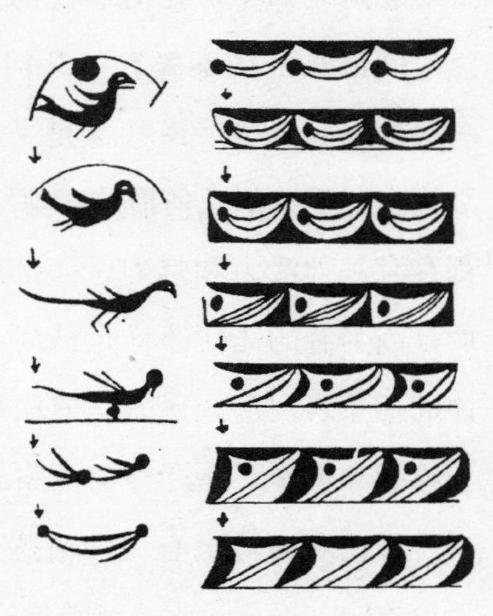

图 2—5　鸟纹的演变与抽象

① 参见张朋川：《中国彩陶图谱》，159 页，北京，文物出版社，1990。

的抽象“鸟”符号，实际上不仅是少数彩陶制作和绘制者的个人表现，而是一种集体意识和文化的积淀及聚化的产物，是在共性和集体认知的基础上产生的有文化共性的符号。这种符号虽然是几何形的，但它仍然是有生命意义的，它是活生生的鸟、鱼这些真实生命形体的表征，而不是无意义的简单的几何形，因此，这些几何形符号即使简单和图案化、格式化，对当时使用者、接受者即使读者而言，仍具有一种生命的意义，它是活的东西。

彩陶装饰中，几何形纹饰是出现得最多、使用最广泛、延续时间最长的图案类型。几何形图案以几何图形为构成要素，一般而言是规整严谨甚至是呆板缺少生机的。事实上，在彩陶装饰中，手绘的几何形纹饰除结构上的对称或符合构成原理外，都存有一种活力和魅力，都具有一种勃发的生命精神。这一方面是因为有的几何纹样是从生命体变来的，或者说是真实生命体的抽象表现形式；另一方面可以说原始初民们通过自己的手工绘制和创作，在严整的图案结构和几何形纹饰的表现中取得了一种艺术的乃至心灵和情感上的表现自由，线无论曲直、点无论方圆、面无论大小皆绘饰自如，一笔到底，朴实而无雕饰。

作为一种生活的创造、一种生活用具的设计与生产，原始初民们有一种发自内心的情感寄寓，这些制品无疑成了他们的情感——美的情感的物化象征。王家树先生在论述彩陶装饰时指出："如果把几何学上呆板乏味的图形用来理解这些几何纹样，却是不符合实际情况的。这里的几何纹样，充满了艺术的生命力和美的情感——这是原始社会劳动者，也是艺术家对生活的感受和审美感情的艺术再现。素朴、奔放，而且大气。形象的处理富有律动的节奏感；富有'黑白'的双关效果；单纯而不单调、不简单；用笔流畅自如，笔锋挺利而有弹性。——很多作品都散发着醇厚的原始艺术的芳香，令人百看不厌，得到美的享受。"①

彩陶，这种原始艺术中表现的艺术情感应该说是最真挚、最单纯、最直率而最真实的。无论是写实的描绘，或是由写实而演变来的符号化表现，或是纯几何化的装饰形态，在原始艺术中，它应该总是寓意的、象征的、情感的而且是艺术化的。它集中了整个氏族、部落群体的智慧和创造力，并有着深厚的历史文明的积淀。通过不断用新的形式乃至符号形式所创造表现出来的东西，实际上就是一种文化的积淀与表现。我以为，彩陶文化，不仅作为一种造型文化，一种造物文化，更重要的是我们透过其装饰纹样的符号化过程，看到其文化发展的历史进程和文化的深刻性。彩陶文化的历史意义，正在于它以符号化的文化方式表达和浓缩着几乎整个民族群体的智慧和创造性。

① 王家树：《中国工艺美术史》，22 页，北京，文化艺术出版社，1994。

当然，新石器时代陶器品类是丰富的，除彩陶以外还有大量的灰陶、黑陶、白陶、印纹硬陶等等，它们都是原始文化的产物。

黑陶，顾名思义是黑色的陶器，黑陶的黑色不是外表涂刷的色彩，而是陶胎本身烧成的黑色。基本上有两种，一种是器物的表面呈黑色，一种是表面和内里都是黑色。黑陶因产地不同有一些区别，山东龙山文化黑陶分为夹砂和泥质两种，距今约六千五百年的浙江河姆渡文化黑陶是一种夹炭黑陶，在黏土泥料中有意识地搀入炭化的植物茎叶和稻壳，使烧成陶器呈黑色。龙山文化黑陶中也渗入了许多碳分子，但不是搀和在原料中的，而是在烧成过程中渗入的，其工艺过程是入窑后先采用氧化焰烧，在即将烧成时改用还原焰，用浓烟熏烤，使黑炭微粒渗入大大小小的孔隙中，形成黑色。

河姆渡文化是1973年首次在浙江余姚河姆渡村发现而命名的，距今约六千五百年，这是长江下游地区发现最早的一种原始文化。河姆渡文化陶器全是手制，大多为夹炭黑陶，陶质疏松，器壁厚，造型不规整，烧造温度在800～930℃。河姆渡文化陶器其造型有明显的地域特色，器形以釜、罐为多，釜是烧煮食物的锅，有敛口、敞口、盘口、直口等不同的形式，为烧煮的方便，原始初民们还为釜设计了一个专用的柱形支座。装饰以绳纹和各种刻画纹为主，有的作品上还附有一些堆塑的动物和彩绘。少数器物上有动物纹饰，如长方形猪纹钵，在钵的两侧都刻画有猪纹，这一猪纹不仅形象而且生动，与当代民间剪纸中的造型表现手法几乎一样，以简练生动的线条表现物象，在猪身上还附有花纹（图 2—6），还有一陶盆，盆外壁刻饰鱼和水藻纹，具有浓郁的生活性。

图 2—6　猪纹黑陶长圆形钵

高 11.7 厘米，外壁正背面中部，刻有猪纹，猪身辅以圆圈纹和叶纹装饰。

山东龙山文化距今约四千年，它上承大汶口文化。大汶口文化主要分布在山东、苏北一带，早于龙山文化。其时制陶已有相当的水平，在晚期已出现慢轮修整口沿和轮制的制陶技术，因此，器物比较规整，大汶口文化陶器的装饰以镂孔为特点，陶的呈色亦多样，尤其是不少器物具有雕塑性，如猪形鬶、陶猪等，形象生动逼真（图 2—7）。在山东莒县凌阳河还出土四件刻有日、月、山和石斧、石锛图像的陶缸（图 2—8），日、月、山纹饰是一个寓意深刻的符号，有许多有待解释的远古文化信

图 2—7　兽形陶壶

高 21.6 厘米，呈猪形，张口拱鼻，猪耳耸立，且有穿孔，背部有提手。

息。山东龙山文化正是在这一文化基础上发展起来的，首先是在制陶的技术上，龙山文化普遍使用了轮制法，一方面大大提高了产量，更重要的是提高了质量，使器壁做得很薄，其所谓“蛋壳陶”，壁厚仅 0.5 毫米至 1 毫米。

图 2—8　刻纹陶缸

高 59.5 厘米，夹砂灰陶，器壁较厚，腹上刻有“日月山”（或“日月火”）纹。

山东龙山文化陶器以黑陶为主，烧造温度达 1 000℃左右。泥质黑陶中的细泥质黑陶是当时制陶技术的代表，其陶土经过淘洗，采用轮制的方法成型，表面乌黑光亮，有的薄如蛋壳。黑陶器类繁多，基本上是生活用器，如杯、碗、钵、罐、鼎、鬲、盘、豆等，为使用者的方便，不少器物设计了把手和盖。造型上的一个显著特点是注重器物的比例之美和简洁之美。与同时期的陶器相比，龙山黑陶器一改低矮敦实的风格，造型趋于简洁、单纯和挺秀，比例加长，在垂直的结构上注重直线和转折结构的变化，直中有曲，曲破直，似直似曲，直曲相依相若，造型极富变化，形体十分优美。图 2—9 为山东历城镇出土的黑陶弦纹把杯，高 13.5 厘米，杯身基本上是圆桶形，但从侧面看，两侧的轮廓线似直非直，直中有曲，究其原因，主要是设计者将口部略微扩大，使杯口更适合于人喝水时的要求，而杯底的外侈，使底面增大，杯体放置时更平稳，这种功用的考虑无疑使杯体的外轮廓的直线富有了一种向上生长的动感，取得了“破直为曲、藏曲为直”的艺术效果。王家树先生认为：“这种设计是美的设计，也是适用的设计，适用和美得到和谐的统一。”①

图 2—9　黑陶弦纹把杯

高 13.5 厘米，器身直筒形，中段略狭，外壁饰三周弦纹。

白陶的历史相对较晚，大汶口文化中有用高岭土或瓷土制作的白陶器，山东龙山文化的白陶主要是鬶形器（图 2—10）。白陶的出现表明我国是最早发现和使用瓷土和高岭土的国家，白陶为陶向瓷的过渡起到一个中介环节的重要作用。白陶发现得最多的是商周时代的制品。白陶基本上都是用原始的手制法制作的，泥条盘制和轮制的较少。商代早期的白陶器主要是鬶、

① 王家树：《中国工艺美术史》，41 页。

盉、爵等酒器，中期增加了豆、罐和钵，商代后期是白陶高度发展的时期，不仅器物类型多，而且胎质均净细白，器表常有雕刻纹饰，主要图案与青铜器装饰相近，多为兽面纹、夔纹、云雷纹和曲折纹等。图 2—11 为安阳出土的白陶几何纹瓿，全器刻饰几何纹，工整细致，奏刀有力，极富装饰意味。白陶器制作精致，样式美观，几乎成为贵族阶级的专用器。

图 2—10　白陶鬶

高 29.7 厘米，高颈，袋足，口前有冲天长流，背部有索形把手，腹部饰有乳钉纹。

图 2—11　白陶几何纹瓿

高 20.0 厘米，陶质洁白细腻，纹饰由直线构成，刚健有力，富有装饰性。

印纹硬陶是在长江以南地区和东南沿海出现的硬质陶器，比一般的灰陶细腻、坚硬，烧造温度高，陶器表面采用陶拍拍印了各种几何形纹饰，这主要源于陶胚制成后用陶拍进行拍打可使其致密的思考，而纹饰又起到了特殊的装饰作用，可谓一举两得。印纹硬陶的发展，经历了一个由少到多、由简单到复杂的过程。商代是印纹硬陶发展的重要时期，西周更趋鼎盛。商周时期，印纹装饰使用印模犹如盖印一般，纹饰有云雷纹、方格纹、回纹、曲折纹、菱形纹、波浪纹等，有的与青铜器上的几何纹相同，印纹硬陶大多是贮器，因而器形一般较大。

陶器是新石器时代的伟大创造，也是新石器时期文化和文明最显著的标志之一。陶器的发明和广泛使用，不仅标志着人类生活进入一个新的时期，从设计和造物而言，也表明人类的这种劳作进入了一个新的阶段。陶器的塑造性和器用性特征，使其在人类文化史上占有重要地位。有了陶器，人们开始了定居生活，更方便地烧煮食物、贮藏粮食、储水运水，这是陶器的器用性即实用性特征所带来的，它对人类文明的生活有着重大的影响和功用。在我们生活的地球上，人类最早的器皿即是陶器，从泥土到烧成陶器，其劳作比打制石器、制作串饰等要复杂和困难，它是文化和人的智慧发展到一定阶段的产物，陶器的塑造性和造型性，实际上正是原始初民们具备的文化性和艺术性的表现。

二　釉陶与唐三彩

早期的陶器，如红陶、灰陶、彩陶、黑陶乃至印纹硬陶、白陶，都是无釉陶。釉陶是在陶器上出现了涂饰的一层玻璃质的釉，釉从外在形态上看，是附着在陶器表面的玻璃质薄体，是玻璃与晶体的混合层，具有隔水、易清洁、光泽、美观的特性，其物理与化学性能相似。釉的组成主要是黏土矿物原料、长石和石英，这其实与陶瓷胎胚的原料大致相同。

陶器上使用釉，最早出现于商代，现发现商代中期一些质地坚硬的陶器上有釉层，这种釉陶又被称作“原始瓷器”。当时使用的釉是一种石灰釉，氧化钙的含量较高。商代后期，釉陶数量增多，在长江以南的沿海地区几乎达到陶器总量的三分之一左右。在西周和春秋时期，江南地区有釉陶器的生产量大约占总量的一半。原始瓷器质地较一般陶器坚硬，烧成温度也高，有釉层，这种釉的烧造温度亦在 1 200℃左右。到汉代，又出现了一种低温釉陶，即所谓的“铅釉陶”。原始瓷器的釉是一种石灰釉，其助熔剂是氧化钙，呈色剂是铁，釉的熔点高，而铅釉的助熔剂是氧化铅，釉的熔点在 700℃左右，呈色剂是铜和铁，在氧化气氛中烧成后可以得到釉绿色。低沿铅釉不仅熔点低，容易把握，其釉层清净透明，富有光泽。汉代铅釉的创制，为唐代三彩陶器的烧造和后代釉上彩的形成奠定了基础。

品类繁多、色彩艳丽的唐三彩即是一种低温铅釉陶产品。三彩实际上不限于三种颜色，有时一种器物上有四五种釉色，绿、黄、褐是主要的颜色，同一种色有不同层次，如绿就有深绿、浅绿、翠绿等。由于三彩釉料中含有大量的铅作为助熔剂，不仅降低了釉的熔化温度，而且在烧成过程中，各种呈色的金属氧化物熔于铅中并向四处扩散和流动，促成各种釉色的交融与浸润，形成美丽而斑驳的釉彩。

唐三彩主要是用作陪葬的明器。唐代的厚葬之风造成了唐三彩的兴盛。现发现的三彩陶器主要在唐代都城的长安（今西安）和作为东都的洛阳。唐代的工商业大都市扬州也有不少的出土，唐三彩的主要流行地区是西安和洛阳。从考古发现可知，唐三彩大概始烧于唐高宗时期，直至玄宗时期（650—756），约一百年时间，其流行的盛期在唐开元、天宝年间（713—756），这一时期产量大，质量好，色彩绚丽，造型生动多样，结构准确。其烧造的窑场，20世纪50年代在河南巩县的大小黄冶村发现了一处，1999年在西安西稍门老机场北侧又发现了一处，初步断定这是唐长安三彩的主要烧造地。

唐三彩器物的种类多，因作为明器用于陪葬，所以其造型多模仿于生活中的各类器物，如生活用器的瓶、壶、罐、钵、杯、盘、碗、烛台、枕等，还有楼台亭阁、住房、仓库、厕所、假山、橱柜、马车、牛车等，最多的是各类人物俑和动物俑，如文吏、武士、天王、贵妇、少女、男僮、侍从、牵马胡人、乐舞、骑马射猎，马、骆驼、牛、虎、狮、驴、羊、狗、鸡、鸭等。唐三彩人物、动物俑一般形体较大，人物造型各异，表现出了高超的塑造技艺。从雕塑的艺术技巧而言，它上承秦汉彩塑的艺术传统，以写实的手法塑造各种形象，除形似外更求神似。唐代是我们封建社会中文化艺术高度发达的时代，盛唐气象在唐三彩中的艺术表现一是绚烂多姿的色彩，二是雍容大度、丰腴肥硕的造型特征。

图 2—12　三彩陶女立俑

唐三彩，高 42 厘米，胎呈白色。俑呈仰首眺望姿势，鬟发垂髻，衣着华丽，是盛唐时贵族妇女形象。

唐三彩人物俑，文吏的谦恭，武士的威武、胡人的浪漫，皆各具神采。尤其是各式女俑，高髻长裙，面容丰腴，身姿婀娜，仪态万千，表现出唐代所崇尚的杨贵妃式的审美追求。图 2—12 是 1956 年西安唐墓出土的三彩陶女立俑，头部比例略大，面部丰满无釉，涂粉红色彩，新月黛眉、朱唇小口。上穿淡黄色圆领对襟花衫，双手拢于衣袖之中相拱于胸前，右肩披浅蓝色巾，下穿黄褐色曳地长裙，两条蓝色裙带飘然而下。人物形象丰满，姿态优美，衣着华丽，是盛唐时期贵族妇女形象的生动写照。1959 年西安中堡村唐墓出土的三彩立俑与上述女俑几乎是异曲同工，姿态几乎相同，头微昂，环发垂髻、面敷粉彩，黛描细眉，朱唇口小，神态安详，身着蓝底白花上衣，淡黄色拖地裙，双手拱置于胸前，体态丰腴优雅。

唐代是中外文化频繁交流的时代，1957 年西安鲜于庭诲墓出土的三彩骆驼载乐俑正是这种交流的盛况在唐三彩中亦有生动的表现（图 2—13）。俑的主体是昂首朝天嘶鸣的骆驼，骆身施淡黄色釉，颈部等处的驼毛施深黄色釉，驼背上置一圆形垫子，垫子上再设一平台并置一长方形毛毯，毛毯的流苏边呈绿色，内为黄地联珠纹及彩色条纹，在驼背的平台上坐有乐俑四人，中间有一舞人举手扬袖似在随着乐曲而起舞。乐舞者和弹琵琶者、拍鼓者三人是深目、高鼻、虬髯的西域人，另两人是汉族人。著名考古学家夏鼐先生对这一俑的艺术成就十分赞赏，他认为这是雕塑艺术和陶瓷技术相结合的产物，富于变化的三彩釉色，大大地增强了雕塑的表现力，“就雕塑艺术而论，不论是骆驼载乐俑那样的群像，或是孤立的单像，都创作得非常成功。当时的民间雕塑艺术家，充分利用了人物的

图 2—13　三彩骆驼载乐俑（唐代）

唐三彩，通高 66.5 厘米，胎呈白色，驼身施淡黄色釉，颈部塑有赭黄色驼毛，驼背披垫，上坐四乐人并立一舞者。

活动、手势、面部表情，甚至于人物的服饰和细部，使我们看到那贯穿到外部动作中的内心思想和感情，甚至于像骆驼和马这样的动物，也被雕塑成为有思想和有感情的动物”①。

唐三彩的制作全是由民间匠师完成的，在以雕塑为主要表现形式的三彩艺术中，民间工匠艺人不仅充分表现出了自己高超而娴熟的塑造技艺，表现出了自己出色的艺术创造力和想象力，而且寄托着自己的情感，使塑造的形象都成为一种艺术形象，成为自己审美理想和艺术精神的结晶，从而使那些动物形象都似乎具有了人性和感情。图 2—14 是陕西乾县李重润墓出土的三彩陶三花马，高近 80 厘米，健壮而美的马昂首而立，作嘶鸣状，似乎在听从主人的召唤，随时起步奔驰，剪作三花式的马鬃犹如墙体一般更传达出从四肢向上直达背部和颈部的那种张力；绿色釉的鞍鞯，被匠师通过拉毛的塑造方法表现出了毛毯的质感，上翘的短尾使人们看到这是匹经过修整并精心养护的良马，身上的辔

图 2—14　三彩陶三花马

唐三彩，高 79.5 厘米，胎为泥质白陶，呈仰首状，马鬃剪作三花，鞍鞯施绿釉，质感表现准确。

① 夏鼐：《西安唐墓中出土的几件三彩陶俑》，见《考古学论文集》，146 页，北京，文物出版社，1992。

饰不作夸张而不太显目，更衬托出肥硕而刚健的躯体之美。唐代人喜爱良马，在唐代诗文和绘画作品中有不少对马的赞美和描写，陶瓷匠师们不是用笔，而是用手的塑造，创作出了许多精美的形象，李重润身为懿德太子，作为贵族之墓的陪葬器，这匹马无愧为代表之作。

在唐三彩的动物俑中，最常见的是马和骆驼俑。马俑常为一单独的形象。在三彩匠师的努力下，这些动物造型往往形成了一定的程式即风格，如马造型的共同特点是头小颈长、腰肥体壮，骨肉停匀，眼睛生动传神。匠师们采用传统的写实手法，既写形又写神，从各个不同角度加以刻画与塑造，如马的姿态，有的作狂奔状，有的仰啸，有的饮水，有的悠闲漫步，有的则静立守候，有的负重前行，有的与主人相望，皆各具姿态与神态，甚至是惟妙惟肖。鲜于庭诲墓曾出土一匹白色三彩马，高 56 厘米，双目圆睁，额上长鬃分梳两侧，颈鬃剪留成被称作“官样”的三花式。鞍上披深绿色绒毯状障泥，长垂到腹部。马胸前和股后均饰以革带和黄色八瓣花朵，鞍上还垂挂金铃及流苏，头部还有辔饰等，雕塑精细工整，装饰华丽，生动自然，成为三彩马中的精品。

骆驼也是各具神采，有的负重，有的作卧息状，有的张口嘶鸣（图 2—15）；色彩上亦各具表现，大多为棕色，有的则呈黑色、红赭色等。

图 2—15　三彩骆驼

唐三彩，高 48 厘米，白胎，驼身施棕褐色釉，披绿釉圆形垫，作昂首嘶鸣状，形象生动传神。

图 2—16　三彩骆驼载乐俑

通高 58 厘米，上载 7 乐俑和 1 舞俑，现藏陕西省博物馆。

唐三彩的人物俑、动物俑、镇墓俑等体量都较大，在西安唐章怀太子墓中发掘的两对镇墓俑都高达 1 米以上，三彩鞍马亦高达 72 厘米；1955 年发掘的西安韩森寨天宝四年（745）雷君妻宋氏墓的彩绘陶俑最高的达 140 厘米以上。用唐三彩陪葬，不仅求大，而且求多求精，因此盛装的侍女俑和装饰华丽的骏马、骆驼常组成乐队，形成一种规模。鲜于庭诲墓出土的骆驼载乐、载人卧驼、男女侍俑和鞍马等共 7 件三彩俑，艺术水平都很高，可与之相比的作品也很多，这不一定限于大型贵族墓，1959 年在西安中堡村发掘的一座唐墓，出土的骆驼载乐俑、女俑与鲜于庭诲墓相似，而骆驼上的乐舞人多达 8 人(图 2—16)，鼓乐手 7 人均为男性，舞人为一女性，墓中还出土了由 8 座房屋、2 座亭阁和 1 座假山组成的水池庭院模型，可见当时社会竞相厚葬攀比之风的炽烈，以至唐皇朝不得不为此作出禁令，规定随葬明器的大小品类和尺寸，如规定镇墓俑之类高仅限 7 寸，但考古发现的同类作品有的高达仍在 1 米以上。

唐三彩可以说是唐代艺术的一面镜子，它充分利用了低温铅釉的性能和独特的工艺技术，运用釉的流变与色彩的聚合，获得釉色淋漓、华美多变的釉色效果，不仅如此，还利用塑、贴、刻、画、印的多种手法与三彩的釉色并用，表现唐代服饰、佩饰的精美与奢华，形成灿若云锦，壮丽辉煌的装饰效果。唐代的纺织印染工艺十分发达，唐代丝绸之精美与华丽有时令人难以想象，唐三彩的三彩装饰有的就直接表现了唐代印染织造工艺的华美形式，如唐代染缬（手工扎染）形成的团花纹样、所谓的“玛瑙缬”、“鱼子缬”、“撮晕缬”等纹饰在三彩装饰中都可以找到。

唐三彩开启了后代彩色釉的先河，在当时亦已有产品被运往海外，如沿着陆上丝绸之路和东海、南海航线运往印度尼西亚、伊拉克、埃及、朝鲜、日本等地，并成为当地陶瓷生产的追慕对象。在唐三彩的影响下，朝鲜仿制成功了所谓的“新罗三彩”，奈良朝的日本也仿制成功了“奈良三彩”，这些都成为中外工艺文化交流的历史见证。

三　壶中天地

广义上属于陶器类的还有紫砂器。紫砂是中国陶瓷艺术中与茶文化密切结合的独特品类。

紫砂的主要产地在江苏的宜兴。宜兴地处江南太湖之滨，为我国著名的陶都。早在东汉时代，宜兴的鼎蜀镇与南山一带已形成制陶中心，烧造釉陶和灰陶等器物。在魏晋时期，已发展成烧造青瓷的均山窑。宜兴境内山峦起伏，河湖纵横，土地肥沃，山区盛产的瓷土和竹木松材为陶瓷生产提供了极为有利的条件。至宋代，宜兴的陶瓷艺人已逐渐发现和使用本地的一种含铁量高的紫色陶土制作紫砂器。这种紫色陶土实际上是一种矿石，采出后，经过日晒雨淋风化、研磨后使用。宜兴产的紫砂土不仅有紫色的，也有所谓“绿泥”等的其他色泥。

明代起，宜兴紫砂艺术进入发展的高峰期，制壶名人高手辈出，供春、时大彬、陈鸣远、陈曼生、邵大亨等巨匠大师，各领风骚，创制了诸多神品、妙品，并将紫砂工艺带入了一个充满文趣意蕴的境地。在近现代，宜兴紫砂工艺秉承明清传统，走创新之路，成就了一大批大家能手，如冯桂林、裴石民、朱可心、顾景舟等大师，继往开来，将紫砂艺术推向了新的高峰。

宜兴紫砂创始于宋代，明清是其发展的盛期，至今不衰。综观其发展历程，大致可以划分为五个时期：

第一期，从宋代用紫砂制器开始至 15 世纪，为草创期。这一期的紫砂壶、罐制品显得粗糙，以实用为主要特征，与其他的器物同窑烧制。有记载的紫砂艺人为金沙寺僧人。

第二期，16世纪初叶至17世纪中叶，这是紫砂工艺获得发展的重要时期，这时期名家高手辈出，制壶工艺由成熟走向精致，注重壶式变化和壶型之美，造型古朴敦厚，简练而雄放。著名代表有供春及“四名家”和时大彬等“三大妙手”。

第三期，17世纪中叶至19世纪初叶，这是紫砂工艺发展的鼎盛时期，文人与工匠结合，诗、书、画与壶艺结合，使紫砂艺术具有更高的文化品位和文人化倾向，同时产生了一代巨匠如陈鸣远、陈曼生等人。

第四期，19世纪中叶至20世纪初，这是紫砂生产的商业化时期，产量大，畅销海内外，工艺精致，以仿制承传为主。

第五期，20世纪中叶至今，紫砂工艺经过了一个从衰落到振兴、发展的过程，并进入了一个前所未有的发展盛期，其标志是工艺创新、产量增大、水平提高、形成了一支大规模的紫砂艺人队伍，出现了一批具有高度艺术修养和才华的紫砂艺术大师。

据记载，明代正德、嘉靖年间的制壶名手首推民间制壶艺人供春。供春原为宜兴名士吴颐山的家童，曾随吴颐山读书于金沙寺，其时寺内有老僧精于制陶，遂“仿老僧心迹，亦淘细土砖坯”，制作紫砂器，其用心周到，得老僧真传，其作品“栗色暗暗如金铁，敦庞周正”而名重一时。供春茶壶在当时已经高价难求，现传世品极为罕见。中国历史博物馆藏“树瘿壶”，壶体仿银杏树干的痈节造型，呈深栗色，其外形瘿鳞起伏，斑驳苍古，浑朴雄劲，天然成趣。

在供春之后，有所谓制壶的“四名家”和“三大妙手”。四名家为董翰、赵梁、玄锡、时朋。《阳羡茗壶系》谓董翰文巧，其他三人古拙。董翰其时独创菱花式壶，殚尽机巧，时朋三人则秉承供春壶艺，艺风高古朴拙。文巧与古拙，这是明代中叶紫砂艺苑中两种迥异的风格样式和审美情趣，一直影响至今。“三大妙手”为时大彬、李仲芳、徐友泉。时大彬为时朋之子，明万历时人，作品初仿供春，“喜作大壶”，后游历娄东，听陈继儒、王世贞诸文人雅士品茶、施茶之高论后，遂一改制壶风格而作小壶，其作品所谓“不务妍媚而朴雅坚栗，妙不可思”。典籍上关于时大彬作小壶的记载，如果是事实，那么可以认为时大彬的改制，主要根源于当时文人的需求，陈继儒、王世贞都是当时名闻遐迩的巨儒，他们深厚的文化素养和饮茶品茶的特殊审美取向给制壶艺人时大彬以深刻影响（图 2—17）。

图 2—17　三足圆壶（明代）

时大彬制，通高 11.3 厘米。壶身饱满似球，三足矮小有力，造型古朴雅致，把手下方腹壁上刻有“大彬”两字。

从大改小，不仅是一个

大小的尺度问题，而是标志着紫砂茶具的功能发生了变化，在实用性的基础上更增加了其陈设欣赏性，以至“几案有一具，生人闲远之思，前后诸名家并不能及，遂于陶人标大雅之遗，擅空群之目矣”（《阳羡名陶录》）。在时大彬之前有诸多名家之壶，但因其大而欣赏性不足，改制后，小巧而增添了更多的“文气”，仅一具在案，便使人顿生“闲远之思”，使茶文化的精神功能突现出来。由此紫砂茶具使用和服务的对象主要转向了文士大夫和市民阶层，即有闲阶层，喝茶变为品茶，茶具成为品茶中的重要组成部分，时大彬亦被文人看作擅空群目几乎是至高无上的最大名家高手。

时大彬受文人雅儒的启发而创小壶，又被文人雅士尊奉为擅空群目的紫砂艺术高手，由此为开端，在紫砂艺术领域出现了一种新的趋向，即文人参与紫砂的设计与制作，而紫砂的评品和审美追求日益以文人雅士的标准为基础。三大妙手中的李仲芳、徐友泉二人对紫砂的设计、创作、品评都以文士的标准为标准。

三大妙手中的李仲芳、徐友泉二人实为时大彬高足。李仲芳为制壶名家李茂林之子，其父曾要求仲芳“敦古”朴实，而仲芳则不受师傅时大彬敦古之风的影响而力求创新，以至“文巧相竞”，“研巧有致”，但其文巧见于挺秀之中，如吴梅鼎《阳羡茗壶赋》中所谓：“仲芳骨胜，而秀出刀镌。”与李钟芳出身于陶艺世家不同，徐友泉无家学渊源，但其父极好大彬壶艺，宴请大彬至家中为座上客。传友泉父曾请大彬作泥牛为戏，大彬不允，其时友泉夺其壶土出门对树下眠牛写生，塑一屈足之眠牛，“曲尽厥状”，令大彬十分惊奇，叹曰：“如子智解，异日必出吾上。”徐友泉后从大彬制壶学艺，在配土和器形上多有独创。首先在造型上仿古尊、罍诸器，参以变化，创造出汉方扁觯、提梁卣、蕉叶、莲方、菱花、合菊、荷花、芝兰、竹节、天鸡等壶式；在调配泥色方面，“毕智穷工，移人心目”，变异出海棠红、朱砂紫、定窑白、冷金黄、淡墨、沉香、水碧、榴皮、葵黄、闪色、梨皮诸多色泥，真可谓“备五文于一器、具百美于三停”而“妙出心裁”。吴梅鼎《阳羡茗壶赋》称徐友泉为：“综古今而合度，极变化以从心”的大师，是“技而进乎道者”。但徐友泉在其晚年曾对自己的精心创制不满，叹曰：“吾之精终不及时之粗”（《阳羡名壶系》）。这倒不是徐友泉对师傅时大彬所作的自谦之词，而应视作其对包括自己在内整个时代紫砂艺术所作的审美事实评判，并内涵着自身所追求的艺术理想和审美理想。精不及粗，这是一种具有文人化倾向的艺术质的审美评判。徐友泉所谓精，这是刻意求工之精，既雕既琢之精，不免流于低俗与匠气，因而“终不及时之粗”；大彬之粗，实为既雕既琢、复归于朴之粗，是无雕琢且得自天然的狂放之粗。这是徐友泉乃至中国紫砂壶艺界追寻的一种更高层次的审美境界，一种自古而来的饰极返素的审美观念。这也许应当看作是一种全民族的审美追求和艺术境界。

“四名家”文巧与古拙的区别，三大高手“精与粗”的不同划分，不仅是紫砂评品的审美尺度和精神向度的明确反映，也是明代紫砂壶艺界及广大文士阶层、使用者所共通的一种审美理想，一种超越物我的审美境界。供春之“敦厚古拙”、时大彬之“粗”，即是追求得自天然、神之所为的艺术效果，追求天然去雕饰及饰极返素的审美体验。

时大彬之后的紫砂制壶大家是清代康、雍时期的陈鸣远。陈鸣远制壶，尤擅“象生”，即将自然界中瓜果等形态作为壶的设计样式，几乎惟妙惟肖，如束柴三友壶、南瓜形壶、莲形壶、伏蝉叶形碟、梅干笔搁、仿竹段臂搁、清供果子等茶具雅玩数十种，皆做工精致，形态逼真，可谓旷世绝作。图2—18为南京博物院所藏南瓜形壶，高仅10.5厘米，壶仿南瓜，壶嘴以瓜叶卷曲而成，叶脉筋络自然逼真，把手饰瓜茎纹，盖为瓜蒂，而且用两种色彩以增加仿真程度。壶身一侧刻楷书“仿得东陵式，盛来雪乳香”十字，刻款“鸣

图2—18　南瓜形壶

高10.5厘米，著名紫砂艺人陈鸣远制，壶以南瓜造型，壶嘴堆雕瓜叶，把手饰瓜茎纹，形象生动。

远”，并钤阳文篆书“陈鸣远”印，其作品可谓开一代新风。

以自然生物之形作紫砂壶式，当今可见的作品，以陈鸣远的为最，在陈鸣远之前，明末亦有紫砂艺人作石榴、螃蟹等象生作品，如陈之畦等，但集大成并开清代新风的仍是陈鸣远。清人吴骞在《阳羡名陶录》中谓：“鸣远一技之能，间世特出”，其壶成为文人学士争相延揽之物，其艺甚至与供春、大彬比肩。他与同时代的扬中讷、曹廉让、马思赞等文人交往甚密，其壶艺、书艺均臻妙境。

另一位陈姓大家是清乾嘉时期的陈鸿寿（1768—1822），号曼生。他是西泠八家之一，文学、书画、篆刻一样精妙。在宜兴紫砂发展史上，陈鸿寿是一位里程碑式的人物，他本身不是制壶艺人，仅是一位紫砂壶艺的爱好者、收藏者，但却是一位紫砂器的设计大师。他在宜兴任过三年县宰，曾手绘十八壶式，请当时的名家杨彭年、杨宝年、杨凤年三兄妹按式制作，其作品以“曼生壶”而著名。曼生壶的显著特点是壶身有书画铭款（图2—19），而铭款多刻于平面，所以设计壶式时多有所考虑。

图 2—19　匏瓜壶

高 9.7 厘米，著名紫砂艺人杨彭年制，陈曼生铭。壶身侧刻“饮之吉，匏瓜无匹。曼生铭”数字，把下有印文“彭年”。

作壶铭的除曼生本人外，还有他的幕僚与好友。这些文人雅士，文学功底深厚，诗书画艺皆精，与名家高手的壶艺结合，成为紫砂艺术中的一大新景观，又开一代新风。文人参与紫砂艺术，可以从明代末期时大彬受陈继儒等文士的影响改制，至陈曼生等作壶式设计，并将中国传统诗、书、画艺术与紫砂工艺结合，从而使紫砂艺术进入了一个更高的境界。

“曼生壶”据说不下几千件，《阳羡砂壶图考》中著录的一件壶腹刻有“曼公督造茗壶第四千六百十四，为犀泉清玩”18字，香港茶具博物馆藏一壶，刻有“茗壶第一千三百七十九频迦识”铭文，频迦是陈曼生的幕僚郭频迦。这么多作品，当是许多工匠参与制作的结果，但其壶式可说是由陈曼生所设计的。

清末的紫砂高手以邵大亨为代表，其作品充分显示了经过几百年发展紫砂工艺所达到的炉火纯青、出神入化的程度。图2—20为邵大亨所制鱼化龙壶，壶通身作海水波浪纹，形若花瓣，线条流畅，简洁明快，在海波中浮雕一龙探头出水吐珠，如点睛之笔。盖亦作波浪状，浪花中按一圆雕龙头可自由伸缩，壶柄作龙尾形，全壶以海波纹为装饰主体，将各部分统合在一起，庄重而典雅，

图 2—20　鱼化龙壶

高 9.3 厘米，清代著名紫砂艺人邵大亨制。

格调高古，寓意深远，亦为旷世之佳作。

19 世纪末至 20 世纪中叶，是紫砂生产商业化发展的时期，生产量大，形成自然形、几何形、筋纹形、水平形四大生产品类，产品大量销售到各地，但艺术质量有所下降。在战乱期间，尤其是 40 年代，紫砂生产已陷于困境。20 世纪 20 年代至 30 年代宜兴紫砂有过短暂的兴盛，1915 年著名紫砂艺人范大生的紫砂壶参加巴拿马赛会并获奖，著名紫砂艺人程寿珍于 1927 年和 1932 年也分别在巴拿马、芝加哥国际博览会上再获金奖（图 2—21），在 1935 年伦敦国际博览会上，范鼎甫的大型陶塑“鹰”荣膺金奖。当时紫砂从业人员约八百人，1937 年抗战以后，宜兴陶业急剧衰退，至 1949 年从业人员不到 40 人。1950 年起，国家拨款恢复紫砂器生产，并逐渐把流散在各地的 59 位紫砂器艺人集中起来，1954 年建立了紫砂陶业合作社（1958 年改建为宜兴紫砂工艺厂），发展紫砂器生产。1957 年任淦庭、朱

图 2—21　扁掇球壶

通高 8.1 厘米，近代著名紫砂艺人程寿珍制，此壶做工精致考究，造型简朴敦厚。

可心、裴石民、王寅春、吴云根、顾景舟、蒋蓉七位紫砂艺术家被国家授予“艺人”荣誉称号，激发了艺人们的创作热情。

1980年以来，以中国香港、中国台湾、东南亚等地为首掀起紫砂收藏热潮，经过30余年积累发展的宜兴紫砂生产进入一个前所未有的繁荣期。其表现在以下几方面：

1. 大师辈出。以50年代被国家授予“艺人”荣誉称号的7位紫砂艺术家为代表的宜兴紫砂工艺界，有着良好的基础，经过30年的培养，从艺人员已达千人，是1949年的20倍。各工厂和单位亦为这些著名艺人们提供了良好的条件，设立工作室，他们可以从容地从事创作。50年代后，也正是这些紫砂艺术家日趋成熟的时期，进入了创作的高峰期，有的达到了炉火纯青的地步，成为一代名师。如朱可心、裴石民、顾景舟等人。顾景舟1979年被授予“紫砂工艺师”称号，1988年被授予“中国工艺美术大师”称号，被推崇为“当代壶艺泰斗”（图2—22）。在顾景舟等大师的培养下，一代中青年艺人继起成为紫砂界的中坚力量，如高海庚、周桂珍（图2—23）、李昌鸿、沈巨华、徐秀棠、徐汉棠、吕尧臣、汪寅仙、潘持平等人，形成了一个壮大的紫砂工艺队伍，标志着一个紫砂陶艺高峰时代的到来。

图 2—22　提壁壶

高 12.5 厘米，现代紫砂大师顾景舟制。壶体作扁圆柱体，平盖，提梁设计极为精妙，制作亦做工精致，表现出高超的制壶工艺水平。

图 2—23　曼生提梁壶

通高 32 厘米，现代著名紫砂艺人周桂珍制，冯其庸铭。壶造型仿陈曼生壶式，制作精工，铭文字体飘逸流畅，相得益彰。

2. 精品迭出。80 年代的大陆，进入改革开放的历史新时期，随着国内外对紫砂的需求，紫砂艺人们积累了多年的经验和才华迸发出来，不断创造新作品，据统计，紫砂品种从二百余种增至一千余种，数量亦增长了几十倍。最重要的是技艺精湛，精品迭出。如宜兴紫砂厂生产的方圆牌紫砂茶具，1979 年获国家银奖；1983 年方圆牌高级茶具获国家金奖；1984 年，“竹简茶具”、“百寿瓶”获莱比锡国际金奖；1989 年、1991 年两次获北京国际博览会金奖；1990 年获全国工艺美术百花奖金奖。1993 年顾景舟的“夙慧壶”以 86 万港币被收藏家收藏，真可谓“人间珠宝何足取，安如阳羡溪头一泥丸”。

3. 成就卓著，超越前代。紫砂器从分类上看，有茶具、文具、炊具、花盆等。茶具中的茶壶从造型上又可分为自然形、几何形、筋纹形和水平形四类。近几十年以来，新创了许多壶式，如50年代末期，顾景舟与中央工艺美术学院高庄合作创作的“提壁壶”（图2—22），开一代新风，并成为紫砂工艺史上承前启后的经典之作。70年代，年逾古稀的著名艺人朱可心创作的“报春壶”、“梅桩壶”，以梅花为装饰题材，在传统壶式的基础上创新，表现自己对自然和生活的热爱。“报春壶”、“梅桩壶”集作者精湛的制壶技艺和独特的构思于一体，而蜚声海内外。70年代中期开始，一批随顾景舟、朱可心等大师学艺又经过北京中央工艺美术学院深造的中青年紫砂艺术家开始崭露头角，当时任宜兴紫砂工艺厂厂长的高海庚创作出了造型独特、气势雄健、结体端庄、制作精致的“集玉壶”（图2—24）、“伏虎壶”等力作，由此促进了紫砂工艺的创新和发展。80年代，李昌鸿和沈巨华创作的“竹简茶具”、徐汉棠创作的“冰纹提梁壶”、汪寅仙和张守智合作的“曲壶”、“银丝镶嵌盘龙万寿壶”、吕尧臣运用

图2—24 集玉壶

通高8.5厘米，著名紫砂艺人高海庚制，此壶造型与装饰均汲取中国古代玉器艺术之精华，因此称之为“集玉壶”。

绞泥工艺创作的“天际茶壶”、“竹茎茶壶”、徐秀棠创作的紫砂人物雕塑如始陶异僧（图 2—25）等都是出新之作。这些中青年紫砂艺术家，既有传统紫砂工艺的精湛技艺，又有现代艺术的造型观念和审美追求，使之能够承前启后，开一代新风。诚如顾景舟在谈到近几十年的紫砂工艺时所认为的：“宜兴紫砂工艺的水平，艺术成就，已经超越前代。”这一表述应该说是实事求是的，可信的。

图 2—25　始陶异僧

通高 40 厘米，徐秀棠制。徐秀棠为当代紫砂工艺中以雕塑为特长的著名紫砂工艺家。此造像为一民间传说故事而作，相传有一异僧曾在宜兴叫卖富贵土，引起当地人好奇，随之到山下，即隐身而去，当地人由之发现了紫砂，从而开始了制紫砂壶之业。

第二节　千峰翠色

一　翠色如玉

陶与瓷是两个不同的事物和概念。如上所述，陶器由黏土经水调和后烧结而成；而瓷器的原料不是制造陶器的一般黏土，而是所谓的“瓷土”，这种瓷土又称“高岭土”，因其主要产于江西景德镇的高岭村而得名。瓷土实际上是一种由高岭石组成的纯净黏土。除原料外，瓷器的烧造温度要高于陶器，陶器一般烧造温度在 1 000℃左右，不超过 1 200℃，紫砂器稍高一些，一般也不超过 1 250℃。而瓷器的烧成温度一般在 1 250℃以上；因原料和烧造温度的不同，瓷器的吸水率比陶器要低，一般在 0.5%以下，而陶器则高达 2%以上；瓷器表面有一层结晶釉，因胎体致密，撞击时有清脆的声响。

瓷器可以说是在陶器工艺和生产的基础上产生的。我们知道，从最原始的陶器开始，进而人们逐渐淘洗制陶原料，提高烧造温度，从粗糙的灰陶到精致的黑陶、白陶、印纹硬陶、釉陶，一步步地发展与进步为瓷器的产生打下了必然的基础。东汉时期在印纹硬陶的故乡浙江余姚、上虞、慈溪一带陶工们烧制成功了青瓷器。这种青瓷器在烧造温度、原料、釉的使用各方面都区别于过去的釉陶和印纹硬陶，在质上取得了飞跃和巨大的变化。东汉时期青瓷烧制成功，使中国从此进入了一个陶瓷并举的新时期，迎来了一个以瓷为主的时代，同时也奠定了中国作为陶瓷大国的领导地位。

瓷器是我国古代工匠的一项伟大发明和创造，是对世界文明的一个重大贡献。在上千年后，日本在庆长十年（1605）受中国制瓷技术的影响才生产出真正的瓷器；而欧洲直到18世纪才烧制出瓷器，比中国晚1 500年以上。瓷器因其坚固耐用、清洁美观，在造价上又比漆器、铜器低廉，因此在东汉末期产生后，立即受到人们的喜爱，各地竞相生产，使其迅速取代了漆器、铜器、陶器而成为极为普及的日常生活用品。

中国陶瓷的品类十分丰富浩繁，其分类也是各式各样，按大类来说，一般可以分为青瓷、白瓷、彩瓷三大类。中国东汉时期创制成功的瓷器即属于青瓷类，青瓷除釉色是呈青色、青绿色外，主要是其瓷胎组分中因含铁量较高的原因而呈灰色或褐色，白瓷是在青瓷的基础上创制成功的，为了得到更纯净的白色瓷，制瓷工匠们对瓷土进行了进一步的淘洗、精炼，去除杂质尤其是去除铁分，使瓷胎变白，而釉中铁分的减少也使其进一步透明化，白瓷便诞生了。彩瓷范围也很广，基本上可以包含两方面，一方面是各种高温的单色釉瓷，如红釉、蓝釉、黄釉及至黑釉等；二是彩色花瓷，既有高温釉的青花、青花釉里红瓷，又有低温釉系列的粉彩、珐琅彩等。

浙江余姚、上虞、慈溪等地是著名的越窑所在地。从东汉末期这一带成功地烧制出青瓷后，一直到唐宋时代，这里一直是著名青瓷的烧造中心。越窑青瓷代表了中国唐宋时代以前青瓷烧制的最高成就，“越窑”是唐宋时代的著名窑场，“越窑”之名，最早见于唐代。被誉为“茶圣”的文士陆羽在《茶经》中谓：“碗，越州上，鼎州次、婺州次……越州瓷、岳州瓷皆青，青则益茶……”著名诗人陆龟蒙在《秘色瓷器》诗中赞美越瓷、越窑：“九秋风露越窑开，夺得千峰翠色来。”千峰翠色形容越瓷晶莹剔透，呈现出一种美丽的翠色，若雨后千峰滴翠的春山。这亦是陆羽所形容越瓷的“类玉类冰”之美。

越窑的主产地在上虞、余姚、绍兴一带，原为古代越人居地，东周时是越国的政治经济中心，清时称为越州。这里的陶瓷生产自商周起到唐宋的二千余年时间中一直连续不断，规模不断扩大，工艺技术不断提高，其产品不仅满足了当时广大地区的生活需要，亦为今人留下了众多的历史精品。唐宋时代延绵数百里、方圆几百公里的众多窑场，至今我们仍能看到其留下的壮观遗迹（图2—26）。

越窑青瓷自东汉创烧以来，经过三国、两晋至南朝时获得了迅速发展，瓷窑遗址遍布宁绍平原，远达余杭、湖州等地，

图 2—26　越窑窑址
浙江慈溪上林湖周边的越窑窑址，遗迹遍地。

是我国当时最先形成的窑场和风格一致的瓷窑体系。其产品主要有茶具、酒具、文具、容器、盥洗器、灯具、卫生用瓷等等，在工艺上采用拍、压、印、镂、雕、堆、模制等技术，因而在器物造型上呈现出多样化的风格，并能够制作方壶、扁壶、狮型动物烛台、谷仓、虎子等异形器物。

这时的越窑瓷器，胎质坚硬，釉层晶莹发亮，在视线所易观察到的口、肩、腹部装饰各种纹样，深受人们喜爱。从设计上看，日常用的碗、盘、杯、盏、壶一类的瓷器，造型日益趋向实用和方便。如盘口壶，作为一种容器，三国时的造型是盘口和底部都小，上腹大，重心以上部为主，在倾倒食物时不易倒出，而且因重心在上有不稳定的感觉。东晋的盘口壶在设计上作了明显的改进，盘口加大，颈增高，腹部呈修长的椭圆形，造型优美、线条流畅，而实用功能亦增强了，使用时更为方便（图 2—27）。

图 2—27　青釉褐彩刻莲瓣八系壶
高 22.2 厘米，盘口，细颈，鼓腹，现藏上海博物馆。

器形增高修长是三国至南朝时期越窑青瓷造型的一个显著特点，除上述的盘口壶外，碗钵一类的器物也向高的方向变化，早期的碗口大底小，造型矮胖，后逐渐增高，底部增大，至南朝时碗的造型已接近现代碗（图 2—28），其他产品也有同样的变化趋势。鸡头壶是三国时越窑的新产品，早期的鸡头

图 2—28　青釉莲瓣纹带托碗
通高 10.9 厘米，碗平口实足，托敞口，现藏江西省博物馆。

图 2—29　青釉龙柄鸡头壶

高 27.6 厘米，长颈，溜肩，故宫博物院藏。

壶造型低矮，鸡头为实心体，完全是一种装饰。东晋时的设计，使壶身加大，鸡头高昂，后加装圆鼓形把手，有的把手的上端还饰有龙头和熊纹；南朝时，壶身更为修长，线条更流畅，口颈增高后更实用（图 2—29）。

唐至北宋时代是越窑发展的鼎盛时期，越窑青瓷也代表了这一时代中国青瓷生产的最高成就。唐代越窑青瓷生产规模进一步扩大，形成了一个庞大的瓷业生产系统，在上虞窑寺前、余姚上林湖、慈溪白洋湖等地，窑场林立，瓷器生产量巨大，瓷窑的布局亦向当时的出海港口宁波靠近，并为瓷器的出口做了准备。

在陶瓷史专业研究中，将唐至五代越窑的生产分为初唐、中晚唐、五代三个时期。初唐时期的越窑产品与南朝和隋代的风格相近。在日用器物上盛行折腹碗。中晚唐时期，品种增加，在设计上根据生活需要创作了不少新的器形。如通行的撇口碗，口腹向外斜出、璧形底、制作工整，与撇口平底碟或敞口斜璧形底盘配成一套餐具。晚唐时，碗口形式越来越多，如新创的荷叶形碗、海棠式碗、葵瓣口碗等。荷叶形碗，以仿荷叶为造型，碗面如初出水的荷叶，边缘起伏，碗口坦张，有一种自然的生趣（图 2—30）。形如盛开的海棠花的海棠碗，曲折多姿，优美异常。

图 2—30　海棠式大碗

高 10.8 厘米，是唐代新兴造型风格，现藏上海博物馆。

唐代盛行饮茶之风，因而瓷瓯便成为当时流行的茶具。陆羽《茶经》谓：“瓯，越州上，口唇不卷，底卷而浅，受半升……”越窑瓷瓯风靡一时，那可爱的青翠色，如玉类冰，不仅深得茶人喜爱，文士们亦视若友朋，在唐代诗文中亦留下不少关于越瓯的描写，如顾况《茶赋》：“舒铁如金之鼎，越泥似玉之瓯”；孟郊《凭周况先辈于朝贤乞茶》：“蒙茗玉花尽，越瓯荷叶空”，这种越瓯当是一种荷叶式茶盏；韩渥《横塘诗》云：“越瓯犀液发茶香”，将茶喻为犀液以衬托越瓯之高贵，或者寄寓诗人对越瓷的喜爱之情。类似的诗句还有，如施肩吾《蜀茗词》谓：“越碗初盛蜀茗新，薄烟轻处搅来匀”，郑谷《送吏部曹郎免官南归诗》云：“茶新换越瓯”等，都说明了人们对越瓯青瓷茶具的喜爱与尊崇之心。

在越窑青瓷中，最有魅力和神秘性的是所谓“秘色瓷”。诗人陆色蒙《秘色瓷器》诗中赞誉的越瓷即是“秘色越器”。诗人所谓秘色是指那种胜过千峰翠色的釉色。关于秘色瓷的解释性记载出自宋人赵麟，在《侯鲭录》中他写道：“今之秘色瓷器，世言钱氏立国，越州烧进，为供奉之物，不得臣庶用之，故谓之秘色。”近二十年来在吴越国都城杭州和钱氏故乡临安等地的钱氏家族墓中出土了一批具有代表性的秘色越窑瓷器。因钱氏政权为五代时的割据政权，一般认为“秘色瓷”是五代越窑的产品。

1987 年 4 月，在清理因雨而倒塌的陕西扶风法门寺塔塔基时，发现了塔基下的唐代地宫，在地宫中秘藏着四枚佛指舍利和大批珍贵文物，其中有举世罕见的秘色瓷。因地宫中保存的唐代咸通十五年（874）的监送真身使刻制的《应从重真寺随真身供养道具及恩赐金银器物宝函等并新恩赐到金银宝器衣物帐》（简称《衣物帐》）记载地宫中所藏瓷器为“秘色瓷”。这批秘色瓷置放在大型银风炉之下的大圆漆盒中，共 13 件，其中有秘色瓷碗两式 5 件（图 2—31），秘色瓷盘三式 6 件和平脱银扣秘色

图 2—31　秘色瓷碗

瓷碗2件。《衣物帐》记这批瓷器谓："……真身到内后，相次赐到……瓷秘色碗七口，内二口银棱、瓷秘色盘子、碟子共六枚。"这是我国目前见到关于秘色瓷最早的出土文字记录，而且是依据实物所作的记录，这亦证实唐代诗文所谓的秘色瓷确有其物，而且比历史记载中的"五代说"要提前几十年时间。这批有准确年代和名称记录的秘色瓷亦成为了解唐宋越窑瓷器的标准器物，是唐代青瓷的代表性器物。

秘色瓷的产地在浙江慈溪市上林湖地区。考古工作者在这片拥有上百处唐代瓷窑遗址的地方发现了与法门寺秘瓷相同的碎片，证明秘瓷可能是上林湖唐代贡窑的产品。上林湖现已发现的古瓷窑址有196处，从东汉时代起，这里即开始生产色泽纯正、晶莹美丽的青瓷器，唐代中晚期，随着明州（宁波）海上交通和对外贸易的发展，这里的瓷业发展更趋繁荣，制瓷技术工艺有了新的提高，不仅种类繁多，式样新颖，产品价格亦高。其青瓷的釉色有湖绿、青灰、青黄和灰黄等色，釉色发亮。胎呈淡灰和土黄色，质地细腻。

法门寺地宫发现的这批秘色瓷，其胎体较薄，胎质颗粒细匀纯净，胎色呈浅灰色、无窑裂、起泡等现象，说明在制瓷过程中，瓷土的开采、粉碎、淘洗都十分认真仔细。造型有碗、盘、碟三种，形体较大，口沿多呈曲瓣形，釉色大都呈青绿色，两件平脱银扣碗内壁呈青黄色，有细小的冰裂纹，在口沿和圈足镶一道银质扣边，外壁髹黑漆，漆上用金银箔镂刻花鸟团花纹样作装饰，这两只平脱银扣碗是漆器工艺与秘色瓷的结合。在其他秘色瓷的内外壁均不见刻剔花模印花装饰。

法门寺地宫发现的秘色瓷，代表了唐代青瓷烧造的最高水平。

二　宋瓷之美

宋代是我国陶瓷史上最为辉煌的一个时代，在这样一个时代中，瓷业的发展有两大显著特征，一是前所未有的庞大的瓷业系统所形成的名窑名品；二是开创了陶瓷美学的新境界，使中国陶瓷成为举世无双的世界级珍品、人类文化的杰作。

自唐代起，中国的瓷业形成“南青北白”和青白并举的局面。如前所述，“南青”即南方青瓷系，“北白”即北方邢窑为首的白瓷系。入宋以后，由于宋政治、文化、科技等方面的独特环境和发展，陶瓷生产进入了一个发展的新时期，在唐代“南青北白”两大瓷系的基础上形成了六大瓷系：北方地区的定窑系、耀州窑系、钧窑系、磁州窑系和南方地区的龙泉窑系、景德镇的青白瓷系。这些瓷系或以名窑为首，或成为名瓷名窑诞生的基础，宋代著名的五大窑即所谓的“定、汝、官、哥、钧”，是这些瓷系的杰出代表。

宋代庞大的瓷业系统，使其窑场遍布各地。据新中国成立后的考古调查表明，古代瓷窑遗址分布于我国19个省、市、自治区的一百七十余个县，其中宋窑达一百三十余个县，占总数的75%以上。其产品应是不计其数，生产量巨大，不仅满足着国内市场的需求，而且还有大量外销瓷，有的窑场以外销为主，如广州的西村宋窑便是一处专门烧造出口瓷的窑场，其产品国内尚未出土，而东南亚国家则多有发现。

五大名窑之一的定窑，制瓷始于唐代，是受邻近的邢窑影响而以白瓷为主的名窑，其地点在现今河北省曲阳县涧磁村及东西燕山村。宋代时曲阳县属定州，其窑因称“定窑”，定窑烧造时间自唐起直至元代而终。宋代定窑以烧造白瓷为主，同时还生产黑釉、酱色釉、绿釉及白釉剔花器等。作为宋代名窑之一，其烧造的白瓷以其乳白、牙白的釉色和精致飘逸的刻印花装饰远近驰名，成为中国白瓷生产的典型。

图2—32　白瓷莲瓣罐
高19厘米，直口圆腹，平底实足，施淡黄釉，现藏河南省博物馆。

中国白瓷的生产始于北朝时期。现发现最早的白瓷器出于河南安阳北齐武平六年（575）的范粹墓（图2—32）。从这些较早的白瓷来看，釉色白而泛青，胎质细白，有显见的从青瓷到白瓷的过渡形态特征，但这又是有确切纪年的早期白瓷之一。青瓷和白瓷的主要区别在于原料中含铁量的不同，白瓷胎和釉中的含铁量远远低于青瓷。中国早期瓷器全属于青瓷系，瓷土和釉料中都含有一定量的铁的成分，经过制瓷工匠们的长期实践和积累，掌握了除铁分的方法，排除了铁的呈色干扰，而发明了白瓷，白瓷的出现是陶瓷史上的又一巨大进步，它为彩瓷的形成和发展奠定了基础，并使中国瓷业生产迈上了一个新的台阶。

北朝晚期发明白瓷后，经隋至唐而发展成熟，唐代邢窑（今河北省临城、曲阳一带）白瓷成为“天下无贵贱通用之”的流行产品，在河北、河南、山西、陕西等地产生了诸多烧造白瓷的瓷窑，形成“南青北白”的瓷业生产局面。南方的湖南、四川、广东等地也烧造白瓷。杜甫《又于韦处乞大邑瓷碗》诗云：“大邑烧瓷轻且坚，扣如哀玉锦城传，君家白碗胜霜雪，急送茅斋也可怜。”写大邑白瓷胎坚质白胜霜雪而风靡一时。景德镇自五代起开始生产白瓷。因此，确切地说，自唐代起，即形成了“青白并举的局面”。

宋代定窑正是在唐代北方白瓷窑系的基础上产生和发展起来的。从装饰上看，定窑的白瓷有刻花、画花与印花三种不同的装饰方法。刻花是宋代早期白瓷的主要装饰方法，是在瓷胎快干时用竹刀等工具刻出纹样，主要以莲瓣纹为主。刻花兴起之后，又盛行刻花与篦画纹结合的装饰，多在折沿盘的盘心部刻出折枝或缠枝花卉轮廓线条，再用篦状工具在花叶轮廓线内画复线纹，有时为了突出纹样的立体效果，工匠们常在花果、莲鸭、云龙等纹饰轮廓的一侧再刻画一条相衬的细线，隐若如投影，装饰性很强（图 2—33）。

图 2—33　定窑刻花碗

印花是定窑瓷器装饰中最具特点的艺术。开始于北宋中期，纹饰一般都装饰在盘碗的里部。这种印花与现代瓷器表面的印花不一样，而是将瓷胎套压在刻好纹饰的模具上，经拍压而在瓷器内形成纹样，类似盖钢印一般。印花题材以牡丹、莲花、菊花等花卉为主，常用的还有动物、禽鸟、水波游鱼等纹饰。从纹饰结构上看，采用缠枝、转枝、折枝等方法，以对称式的构图为主。从纹样的结构和组织形态上看，定窑印花装饰受当时缂丝装饰的影响，有的纹饰直接取自缂丝织物上的纹饰，北宋晚期织物上流行“婴戏纹”装饰，此时定窑印花上亦有类似的装饰。宋代金银器的装饰亦有一定的影响。

定窑作为宋代名窑，在制瓷工艺上的一个杰出创造是采用覆烧工艺。在此之前，每件瓷器都用一个匣钵装烧，采用覆烧方法是用垫圈组合匣钵取代单个匣钵，每一垫圈的高度仅是单个匣钵的五分之一，从而大大增加了产量。覆烧工艺也带来了

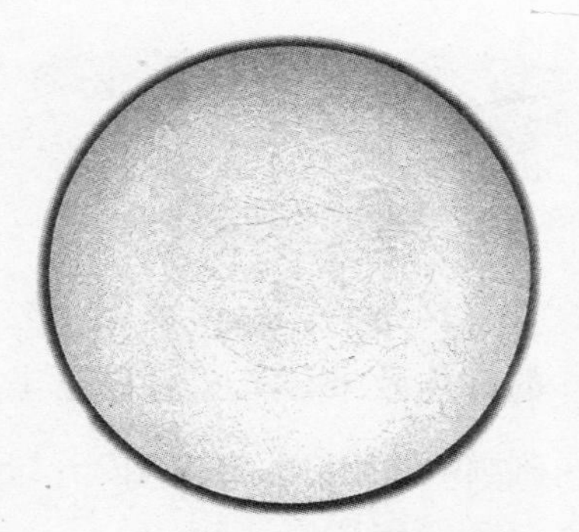

图 2—34　定窑龙纹加扣盘
高 4.8 厘米，内印云龙纹，盘口包铜扣，现存上海博物馆。

另一类问题，即覆烧的器物口沿处必须无釉以不致粘接在匣钵上，因此形成所谓“芒口”，而影响到品质。贵族阶层在使用定瓷时，往往在芒口上包镶一道以金银等材料制作的扣边，而形成所谓的“扣器”。使用金材称为“金扣”，银材称之为“银扣”，有的历史典籍的记载则称之为“金装定器”（图 2—34）。

汝窑，地址在河南省宝丰县大营镇清凉寺。此地原属临汝县，因称汝窑。其窑址的发现是近几年的事。作为宋代五大名窑之一，传世的作品极为罕见（据统计全世界现存不足百件），而历史文献中对汝窑有不少的记载，如宋陆游《老学庵笔记》中曾谓：“故都时定器不入禁中，惟用汝器，以定器有芒也。”明谷应泰的《博物要览》中说汝窑瓷器“其色卵白，汁水莹厚，如堆脂然”；清代朱琰《陶说》谓：“汝本青器窑”。汝窑早就引人注目，南宋时叶置《坦斋笔衡》认为汝窑在五大窑中“为魁”，而同是南宋时人的周辉在《清波杂志》中记载：“汝窑宫中禁烧，内有玛瑙为釉，唯供御拣退方许出卖，近尤难得”。这些都说明汝窑瓷器在南宋时即已难得，为人所贵。汝窑瓷器，釉色天青，深浅不一，釉质莹润，内蕴光泽，上有细密开片，俗称“蟹爪纹”，制作上的主要特点是，连器足部亦上满釉。采用支钉支烧方法支烧，所谓“裹足支烧”。汝窑的瓷器主要有盘、碗、奁、洗、瓶等（图 2—35），胎薄呈香灰色。据学者研究，汝窑为宫廷烧造瓷器时间约四十余年，其余数百年时间生产的瓷器主要是民间用瓷，精粗俱备，作为民窑的历史是它的主流。①

图 2—35　汝窑碗

高 6.7 厘米，撇口，圈足，足内有乾隆御题诗，现藏故宫博物院。

当然，宋代瓷窑几乎遍布全国各地，绝大部分都是民窑，上述的定窑也属于民窑，只是有时被宫廷看中，命烧宫廷垄断的瓷窑，前后共有三处，一是浙江余姚的越窑；二是河南开封的北宋官窑和位于浙江杭州的南宋官窑。

北宋官窑又称汴京官窑，因北宋都城开封宋时的遗迹都因黄河的泛滥而埋没在五六米以下的地层里，是一个无法探知其窑址的一个瓷窑。南宋顾文荐《负暄杂录》中曾有一简单记载谓：“宣政间京师自置窑烧造，名曰官窑”。现传世的官窑作品不少，大部分收藏于北京故宫博物院和台湾“故宫博物院”，以

① 参见叶喆民：《中国陶瓷史纲要》，169 页，北京，中国轻工业出版社，1989。

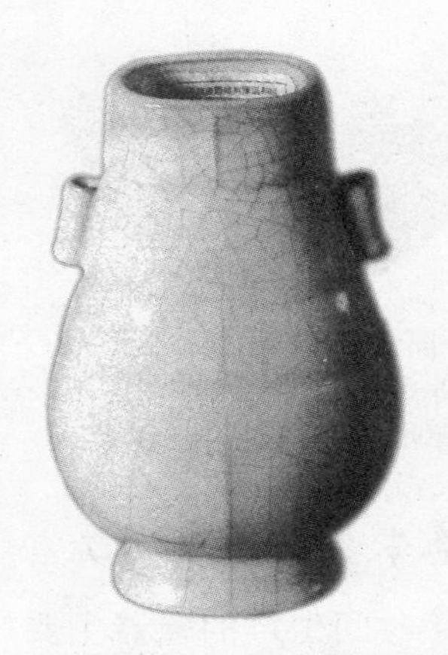

图 2—36　官窑贯耳瓶

高 23 厘米，口椭圆，瓶身有三道弦纹，紫口铁足，通体开片，现藏中国历史博物馆。

盘、碗、洗、瓶等为主，器身有葵瓣、莲瓣等式样（图 2—36），造型精致而规整，釉色有粉青、月白、油灰质诸色，釉质晶莹润泽，釉面上有大小纹片，裂纹一般都呈金黄色，即文献中所谓的“鳝血色”。

汴京官窑随北宋王朝的灭亡而终结。在宋高宗南渡后在杭州另立新窑。据叶置《坦斋笔衡》载：“袭故京遗制，置窑于修内司，造青器名内窑……后效坛下别立新窑”一说，南宋官窑先后共有两窑。郊坛官窑窑址在 20 世纪初即已发现，在杭州乌龟山下，50 年代时进行过科学发掘，发现其瓷器标本，胎较薄呈黑灰以至黑褐色，釉层厚有粉青、炒米黄等多种色泽，器形除盘、碗、碟、洗外，还有不少器物造型仿自古青铜器和古玉器。

哥窑亦是宋代五大名窑之一，其窑址至今尚不能确定。但传世的作品较多，特征也十分显著。器物以瓶、炉、洗、罐、盘、碗为多（图 2—37），胎有厚薄之分，因含铁量较多胎色亦呈黑灰、深灰、浅灰和土黄等色，在器皿口沿处由于釉薄而隐约露出胎色而呈褐黄色，同时在器皿底足未挂釉处呈现铁黑色，被人们称之为“紫口铁足”，这是哥窑器的重要特征之一。从釉来看，釉色有粉杏、月白、油灰、青黄、奶白、米黄等色；釉层一般较厚，最厚时与胎相等。哥窑器的釉属于无光釉，如丝绸一般发出一种柔美而含蓄的光泽。釉面有开片的大小冰裂纹是哥窑器的最大特色。冰裂纹的形成是因胎釉之间的膨胀系数不一致而形成的，原先是烧成上的缺点，古代工匠发现了这种冰裂纹的美而加以巧妙地利用，以至刻意追求，形成自身的特色。哥窑的开片有的如网，有的如冰裂，有大开片，有细小开片，细小开片文献称“百圾碎”或“鱼子纹”。一般是两种纹路交织出现，即较粗疏的黑色裂纹交织着细密的红、黄色裂纹（俗称“鳝血纹”或“金丝铁线”）。有的仅一种黑紫色裂纹，细小裂纹无色（图 2—38）。

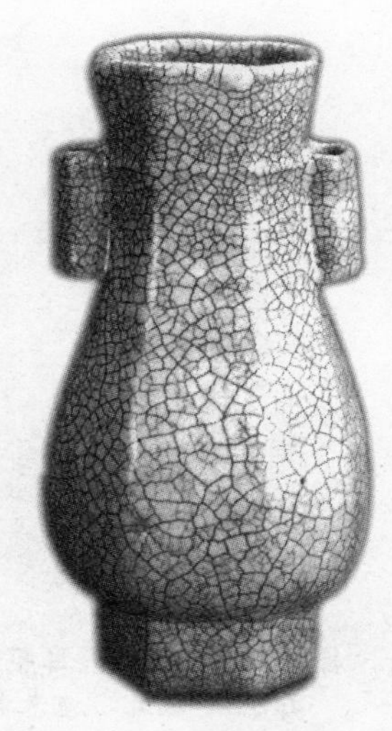

图 2—37　哥窑双耳瓶

高 20 厘米，呈八菱形，通体布满金丝铁线片纹，现藏故宫博物院。

作为五大名窑之一的钧窑，在宋代文献中并没有记载，20 世纪 70 年代的调查发掘，基本弄清了钧窑的烧瓷历史，其创烧时间始于宋，一直延续到元以后。从承续上看，钧窑的产生与唐代的花瓷有关。钧窑在河南禹县，现发现的窑址多达一百余处，禹县城内八卦洞的宋窑遗址是宋代烧造宫廷用器的瓷窑。

图 2—38　哥窑双耳瓶

高 20.1 厘米，施米黄色釉，片纹有金黄色金丝和黑色铁线，紫口铁足，现藏故宫博物院。

钧窑属于北方青瓷系统，与其他青瓷不同的是钧窑的釉不是一般的透明釉，而是一种乳浊釉，钧瓷的釉色一般多近于蓝色，蓝色较深的称作天蓝，蓝色较淡的称为天青，比天青更淡的往往称作“月白”。釉中闪烁着荧光般的幽雅光泽，釉色之美难以形容。因釉内含有少量的铜，在一定的窑内气氛下能烧出变化多端的釉色，产生所谓的“窑变”，有时青中流红，如蓝天中的晚霞。在钧瓷上，有时我们还能看到美妙的紫斑，那是制瓷艺人们在青蓝色的釉上涂上了一层铜红釉所致（图 2—39）。正是这种巧妙地利用，使红釉与蓝釉互相熔合，形成奇妙无比的紫色斑纹。

图 2—39　钧窑月白釉紫斑花口碗

高 4.8 厘米，通体十字花瓣式，圈足，现藏故宫博物院。

五大名窑仅是宋代瓷业中的一部分，宋代瓷业的伟大成就是多方面的，仅五大名窑尚不足以概括全貌。从宋代六大瓷系而言，磁州窑系、耀州窑系、龙泉窑瓷系、景德镇青白瓷系及宋代黑釉瓷器都是各有创造、各有精品、各有风格特点的瓷窑。

磁州窑系是北方最大的一个民窑体系，其窑场分布于河南、河北、山西三省的广大地区，早期历史可以追溯到唐代北方的白瓷民窑，唐代时这些民窑除白瓷外，兼烧黑瓷、花瓷、青瓷等，产品往往按社会需要而生产。宋代磁州窑仍保持了唐代的传统，以白瓷为主，兼烧其他各色瓷器。在磁州窑系的诸窑中，以河北观台窑最具代表性，观台是磁州窑的主要生产中心之一，其创烧年代大约开始于北宋时期，至元代而衰落。

观台窑烧瓷品类十分丰富，除大宗的白釉、黑釉外，还有在白釉器上画花、剔花的产品，在白釉上点绿斑、褐斑，在白釉釉下绘黑彩、酱彩及画花的作品，珍珠地画花、绿釉釉下黑彩、白釉红绿彩、低温铅釉三彩等共 12 种之多。作为民窑，其产品都是实用于生活的各类器物甚至杂物，在日常生活中，人们仍然是需要装饰的，因此，磁州窑的工匠们十分重视瓷器的装饰，几乎是尽一切可能去利用材料和工艺实现装饰的意匠，创造适合于广大民众的装饰形式，以至成了北方民窑的典范。

磁州窑的装饰最具特点的可以归为两大类：一是白釉画花、剔花；画花是挂釉后乘釉未干时用竹针一类的工具画绘纹样，

图 2—40　磁州窑牡丹纹瓶

高 38.3 厘米，小口，短颈，丰肩，黄胎，施化妆土，折枝牡丹纹上罩透明釉，现藏上海博物馆。

其纹样主要有荷花、卷叶、水纹等，为增加线的装饰效果，匠师们在纹样的空隙处用篦状工具画复线作为地纹，形成与主体纹饰的对比，其线条流畅，纹饰自由奔放，不拘一格。剔花是将纹饰外的地子剔去，使纹饰具有浮雕感，剔去的是白色釉层而显露出黄褐色的胎，白色的主体纹饰更为夺目。二是白地黑花；这种黑白对比强烈、纹饰强健挺拔、生气勃勃的形式是磁州窑最具个性特征的装饰艺术。其方法主要有绘饰和剔刻两种。绘饰是用黑彩直接在白色底子上绘画或绘制纹样；牡丹纹瓶（图 2—40）是磁州窑众多梅瓶中采用绘画的方式作装饰的作品，瓶身修长，造型挺拔而俊美，在黄色胎上施挂白色化妆土，以白色为地用黑彩绘折枝牡丹纹，纹饰构图轻松而大方严整，花叶疏落有序，用笔自由奔放，中国画大写意的笔法构架下的线条自然流畅，生机盎然，牡丹花与枝叶鲜活灵动若飞鸟翱翔，奔放无羁的笔墨形式与严整的装饰结构一起形成了一种清新、质朴、大方而浑厚的艺术表现语言，传达出民间匠师们独具的艺术天赋和审美追求。在这种白地黑彩的装饰形式中，我们可以清楚地看到民间匠师们将中国传统绘画、书法艺术运用到陶瓷装饰中，并以自己的天才性的创造使其成为一种独特的装饰语言。

瓷枕亦是磁州窑的特色产品之一，其生产的历史长达三百年之久，瓷枕这一产品形式及其各种造型的枕面往往就是待画的扇面或纸，为匠师们融会中国书画艺术提供了很好的基础，匠师们在此画出了无数天才性的杰作。绘画题材大都是当时人们喜闻乐见的如婴戏、马戏等。童子钓鱼枕（图 2—41）写一童子躬身在一开阔的河面垂钓，寥寥数笔，形神兼备，线条生动而达意，与宋人写意画风十分吻合。瓷枕上书法作品的丰富多样亦是其装饰的特征之一，在酒瓶等其他器物上常题写有不少的词句或名称字样，如有的酒瓶上写着“清沽美酒”，药罐上写着“神芎丸”等。最具书法意义的是瓷枕上完整的诗作，如河北彭城响堂寺文化站收藏的瓷枕上的题诗为：“云色暗天涯，江城景最佳。黄昏人欲静，帘外雪飞花。”瓷枕上的书法大都是制瓷匠师的率意之作，毫无雕琢之迹，书法风格刚健遒劲，气韵流畅，是淳朴民风的自然流露。

图 2—41　磁州窑童子钓鱼枕

前高 7.7 厘米，后高 13 厘米，枕底有“张家枕”戳记，1954 年河北邢台曹演庄出土，现藏河北省博物馆。

采用剔刻形成白地黑花装饰的方法是在胎上先敷涂一层白

图 2—42　白地黑花龙纹瓶

色化妆土，再涂一层黑色化妆土（黑彩），然后用尖状器画出纹饰，剔去花纹轮廓线以外的黑色化妆土，露出底层的白色，最后施一层透明的玻璃釉烧制而成。这类作品，除花卉题材外，还有以龙为装饰主题的龙纹瓶（图 2—42），瓶的上下装饰为菊瓣纹，中间饰一巨龙，龙口大张，双目炯炯，龙背出脊，脊尖怒张，龙爪腾空，形态矫健勇猛，空间衬以祥云两朵，笔法娴熟，笔势劲健，用笔细致，大气磅礴的气势令人震撼。

耀州窑也是北方民窑，以青瓷为主，兼烧黑瓷、白瓷。其创烧年代为唐代，五代末及宋初受越窑影响创烧刻花青瓷，并形成自己独特的风格。耀州窑以陕西铜川黄堡镇为代表，至今仍出产陶瓷。北宋中期以后耀州窑进入发展的盛期，以刻花印花装饰为主。耀州窑刻花刀锋犀利、线条流畅、纹饰优美而典丽，是宋代陶瓷刻花装饰的典范。从造型上看，耀州窑产品以生活中常用的盘、碗为主，壶、罐、盆、炉、钵、瓶、盏、托等几乎应有尽有。与同时期其他瓷窑不同的是耀州窑的匠师们特别注重造型的设计，同一功能的产品会创造出不同的造型，如碗、盘有六折、十折、葵瓣、卷口、直口、荷叶等多种不同样式；瓶有平口、卷口、长颈、短颈、丰肩、折肩、硬腹、敛腹等不同样式；壶有瓜棱壶、凤头壶、龙柄刻花壶、提梁倒灌壶等，在设计上显示出了极大的独创性。

在历史上，产品的设计与制造往往都凝聚着当时科学、技术和工艺的最新成就，表现出一种具有时代特征的创造性。在耀州窑陶瓷的造型和产品设计上也可以明显地看到这一点。图 2—43 为 1968 年陕西邠县出土的耀州窑提梁倒灌壶，壶身呈圆形，壶盖作象征性设计不能开启，盖与提梁连接，提梁设计成一伏卧的凤凰，与作为出水口的“流”的一对哺乳的母子狮相应，母狮张开的口成为出水口，造型生动，颇具匠心。壶腹刻饰缠枝牡丹花，下饰一圈仰莲瓣纹。此壶为倒灌壶，进水口在底部，因壶内设计有漏柱与水相隔，进水口虽在底部但灌满水正置时则滴水不漏。这一设计从造型到功能都极为罕见、奇特，不仅是耀州窑亦是我国陶瓷史上的杰作。

图 2—43　耀州窑提梁倒灌壶

通高 18.3 厘米，造型结构奇特，纹饰繁缛华丽，现藏陕西省博物馆。

图 2—44　耀州窑凤头壶

高 20.5 厘米，施青绿釉，1973 年陕西凤翔宋墓山土，现藏凤翔县博物馆。

图 2—44 为凤头壶，与倒灌壶相比，造型和装饰显得更粗犷更简率，壶腹呈六瓣形，刻饰的牡丹纹仅取神似，数刀刻成，洒脱而犀利，作为“流”的凤首作引颈啼鸣状，颈部羽毛和头部均作写实性处理而栩栩如生。这种实用型水壶，不仅实用，更是一件用与美结合的艺术精品。

在我国南方瓷窑中，浙江龙泉窑是宋代十分优秀的瓷窑之一，龙泉青瓷以其丰厚莹润、凝脂如玉的釉层、优雅而华美的造型样式、精致工整的制作而享誉中外。龙泉窑初创于南朝时期，北宋早期主要受瓯窑影响。烧造淡青釉瓷器，北宋中晚期后，生产青黄釉瓷器，龙泉窑的瓷业此时已初具规模，南宋时期是龙泉发展的鼎盛时期，产品远销国内外，并一度为宫廷皇室贵族生产“贡瓷”。

龙泉窑地处浙南山区，独特的地理条件孕育了如玉般的青瓷。南宋龙泉窑生产的青瓷按胎色分有白胎和黑胎两种，白胎青瓷占大多数，黑胎较少，白胎瓷厚、黑胎瓷薄，黑胎中含铁量高达 3.5％～5％。无论白、黑胎，其釉层厚是一共同特点，龙泉青瓷釉色有粉青、梅子青、豆青、芝麻酱、炒米黄、紫红、乌金等色，为了获得厚釉，往往上釉次数都在三至四遍，不同的是，白胎青瓷很少开片，而黑胎青瓷大多有开片现象。

龙泉青瓷的品种十分丰富，有碗、盘、碟、杯、罐、执壶等的饮食器具；有灯盏、渣斗、香熏等用品；还有笔筒、笔架、笔洗等文具；花瓶、人物等的陈设欣赏瓷；佛像、香炉、烛台等供瓷；还有象棋、鸟食罐等娱乐用瓷。每一品类几乎都有若干种造型，在设计上做到别开生面，独运匠心。如凤耳瓶，在盘口、直颈、筒腹的实用简洁的形式下，配置了两只远眺的凤鸟居于直颈中间作凤耳，使凤耳瓶富有生机。

采用古代铜玉器的造型设计新的青瓷制品是龙泉窑设计的特点之一，如将鬲、鼎、觚、尊、贯耳壶等古铜器和琮一类的古玉器的造型加以适当的改变，制成有时代特点的瓶、炉等瓷器。图2—45的弦纹贯耳瓶，其造型设计汲取了青铜器的一些形态特征，又有瓷器花瓶的典型个性，器身饰弦纹，颈部饰对称贯耳，造型既简洁大方又古朴典雅；釉色青绿，如梅子初

图2—45　龙泉窑弦纹贯耳瓶

高31.5厘米，器身以弦纹装饰，现藏故宫博物院。

图 2—46　龙泉窑三足炉

高 11.3 厘米，鬲式，折沿直颈，鼓腹，施梅子青釉，有“出筋”饰，现藏上海博物馆。

生，莹润光洁。图 2—46 为三足炉，其造型亦与古铜器有关，制作十分精致工整，装饰上亦简洁严谨，仅在肩部饰凸起的弦纹一周，腹部饰凸起三棱至足部。龙泉窑注重釉的莹润光洁厚重，因此，在北宋初期采用的刻花印花装饰至南宋施行厚釉时已不复再用，而采用弦纹为主。在弦纹或棱的凸起处因釉薄而呈白色，俗称“出筋”，出筋亦是龙泉窑匠师充分利用了釉的流动和涂覆性能而创造出的独特的装饰形态之一。三足炉釉呈梅子青，与贯耳瓶的青而微绿相比是翠绿而微青，釉厚如凝脂、温润如玉，是龙泉窑梅子青釉的杰作。在工艺上，要获得厚而匀的釉层和美丽的釉色，必须掌握挂釉的次数和厚度，釉层越厚青色越浓，而每挂一次釉必须入窑烧一次，反复三至四遍，而且每一遍窑内气氛必须相同，在烧结过程中绝不能出现生烧或过烧的问题，最终才能获得满意的作品，应该说，龙泉窑独创的粉青、梅子青这些如玉之釉色和瓷器，是龙泉窑匠师们长期实践经验和探索的成果，是匠师们伟大智慧的结晶。

江西景德镇窑亦是宋代一个重要瓷窑之一，在宋代它创烧成功了一种介于青瓷与白瓷之间、具有独特风格和韵味的瓷器称作“青白瓷”，又称“影青”。青白瓷从胎质到釉色都达到了与玉器相近的地步。图 2—47 为影青刻花弦纹梅瓶，器身满施青翠色釉，肩部刻饰缠枝莲花纹，腹至足部饰双线重弦纹。图 2—48 为影青盖碗，碗盖为大檐帽式，瓜蒂形钮，通体施影青釉，光素无纹饰，造型简练别致。

图 2—47　景德镇影青刻花弦纹梅瓶

高 31.8 厘米，灰白色胎，施翠青色釉，小口丰肩，现藏广东省博物馆。

在宋代除青瓷、白瓷的生产达到鼎盛外，黑瓷等其他颜色釉瓷器亦取得了很高的成就，尤其是黑釉瓷器。中国生产黑釉瓷器的历史几乎与青瓷一样悠久，东汉时期就有黑瓷的创烧一直到宋代，黑瓷常与青瓷甚至白瓷一起，成为各窑兼烧的产品。入宋以后，黑瓷尤其是黑釉茶盏成为一种大量生产的瓷器。

图 2—48　景德镇影青盖碗

高 10.5 厘米，敞口，高圈足，胎坚釉细，现藏故宫博物院。

唐代开始，饮茶成为中国人普遍的一种生活方式和习尚，入宋以后，在饮茶的同时又盛行“斗茶”，斗茶是以茶叶碾碎后置于茶碗中，再注入初沸的开水，经“茶筅”打击，搅拌后成乳状茶液，观看茶面的白色泡沫，如茶液浓，沸击有力，茶汤如胶乳一般，茶沫与水不易离散而“咬盏”，这就是最好的茶汤，斗茶即以此定胜负。宋人唐庚《斗茶记》中写道：“政和三年三月壬戌，二三君子相与斗茶于寄傲斋，予为取龙塘水烹之而第其品”，因水质优而斗茶取胜。蔡襄《茶录》中谓斗茶起自种茶人比试茶叶好坏，贡茶之地建安北苑诸山的茶人造茶之后便试茶，以比高下。范仲淹《斗茶歌》云：“北苑将期献天子，林下雄豪先斗美”，新茶将贡献天子之前，茶人们先试茶斗美。北宋皇帝宋徽宗赵佶著有《大观茶论》，其中记斗茶云：“天下之士励志清白，竟为闲暇修索之玩，莫不碎玉锵金。啜英咀华，较筐箧之精，争鉴裁之别。”可见斗茶从民间到文人士子直到贵族统治阶级争相行事，由此而带来了对茶盏等斗茶器具的需求。《大观茶论》谓：“盏色贵青黑，玉毫条达者为上。”斗茶看茶沫，因此茶盏以深色尤其黑色为佳。为适应对黑色茶盏的需要，还出现了专烧黑盏的瓷窑。

在宋代生产黑釉茶盏的窑很多，以福建建阳县水吉镇建窑、江西吉安永和窑为代表。建窑是宋代新兴的民间黑瓷窑，一度曾为宫廷烧造黑盏。宋代黑釉产品主要有兔毫盏、油滴釉、玳瑁盏等。兔毫盏是流行于福建地区的黑釉茶盏，在盏的里外釉层中有细长的条状纹，犹如兔毛，而且有银色闪光，其条纹是由青铁矿的晶体构成，兔毫盏以建窑的为著名（图 2—49）。

图 2—49　建窑兔毫盏
宋代典型斗茶用具，敞口斜壁圈足。

油滴釉黑瓷是又一装饰品种，其肌理是在黑釉中闪见银灰色金属光泽的小圆点斑，如油点一样（图 2—50）。明曹昭《格古要论》称作为“滴珠”，直径大者几毫米，小的如针尖。这种现象的产生是由粒状的赤铁矿小晶体所组成的，在烧成的过程中，铁的氧化物在釉面上富集，冷却时形成饱和状态并以赤铁矿和磁铁的形式从中析出晶体所致。在油滴釉中，有一种油斑周围带日晕状光彩的被称为“曜变釉”，在日本保留着世所罕见的几件，如东京静嘉堂即存一件。

图 2—50　油滴碗
直口圆唇，深腹平底，浅圈足，胎质白，坚而厚实。

永和窑又称吉州窑，其黑瓷产品以木叶纹釉和剪纸贴花最具特色。1962 年在江西南昌出土一件吉州窑产木叶纹碗（图

2—51)，釉色肥厚匀净，在碗内有一树叶，叶形自然优美，状若天成，作为装饰别具一格。这是吉州窑匠师们用加工过的树叶醮釉贴于碗内而形成的。采用贴剪纸的方法形成的剪纸贴花碗也独具特色。图 2—52 为黑釉剪纸文字纹玳皮盏，盏外施玳瑁釉，釉色黑黄相间状若玳瑁壳。盏内贴剪纸纹样，花边下的菱形纹样上有“长命富贵”、“福如东海”的吉祥语文字，富有地方特色。这是在彩绘装饰出现之前，在刻、镂、印、画等装饰技法之外艺人们创作出的又一艺术表现形式。

图 2—51　吉州窑黑釉木叶纹碗

高 5.5 厘米，敞口，斜腹壁，短圈足。1962 年江西南昌出土，现藏江西省博物馆。

图 2—52　黑釉剪纸文字纹玳皮盏

撇口小足，具有宋代斗笠碗特征，器内贴剪纸纹样，现藏江西博物馆。

宋代是我国陶瓷发展的高峰时期，在瓷业生产上，它不仅形成了巨大的窑系，在工艺技术上不断有新的创造，产生出了众多的名窑名品，而且将中国陶瓷的设计与生产带入一个新的文化层面，将其造型与装饰即它的形质之美提升到一个艺术的境界，开创了陶瓷美学的新品格。由此，我们可以看到，钧瓷灿若晚霞的窑变之美；汝瓷、景德镇影青瓷的莹润如玉之质；龙泉青瓷以其青翠晶莹、润泽如玉的梅子青登上了中国青瓷釉色釉质的极致；哥窑的冰裂纹之奇思妙造、黑瓷的兔毫、油滴、木叶纹饰和磁州窑的黑花大写意风格，都如艺术的杰作而放出永恒的光辉。

宋瓷之美是一种典雅的素朴之美。文静而含蓄、润泽而内秀。宋瓷之美是釉之美又是质之美，无论造型、胎质或装饰，都内蕴着宋代特有的文化品位和崇高的美学精神追求。

第三节　青花五彩

一　青绘花瓷

如果将中国陶瓷比作百花，那么青花便是其中一朵素洁、高雅又充满中国艺术趣味和装饰风格的奇葩。青花，顾名思义是绘有青（蓝）色花纹的瓷器。在专业上，青花瓷属于釉下彩绘的范围。所谓釉下彩，即其纹饰是绘饰在经素烧的胚胎上，绘饰完成后再在其上罩釉，经高温一次烧成，其纹饰在透明釉之下，所以称作釉下彩。

图 2—53　青釉彩绘双系盖壶

通高 32.1 厘米，盘口，短颈，球腹，平底，1983 年江苏南京南郊出土，现藏南京市博物馆。

中国最早的釉下彩出现在三国时期。1983 年在江苏南京的三国吴墓中出土一青釉彩绘双系盖壶（图 2—53），釉下用褐色满绘仙草、云气、灵兽和持节羽人图案，这是迄今发现最早的釉下彩绘作品。唐代釉下彩绘作品以长沙铜官窑为代表。长沙窑属于青瓷系统，其产品的样式之多在唐代瓷窑中可以说首屈一指，尤其是各式罐和壶的设计与制作，更是花样翻新，层出不穷。更为杰出的是其独特的装饰工艺与形式。首先是采用模塑贴花装饰，因模塑贴花装饰的使用而出现了釉下褐色彩斑，进而发展成釉下彩绘。虽然早在三国吴时已出现釉下彩作品，但长沙铜官窑的釉下彩绘仍具有首创的意义，其釉下彩绘有两种，一是在瓷坯上用褐绿彩直接画纹饰，一是先在坯上刻出轮廓线，在线上填绘褐蓝彩，最后挂青釉。现发现长沙铜官窑的釉下彩绘作品多为褐蓝彩的花卉鸟兽等作品（图2—54）。但当这种釉下彩工艺成功后，彩绘的内容与形式就有着广阔的变化空间，迎来一个陶瓷装饰的新时代。

图2—54 长沙窑褐蓝彩双系罐

高29.8厘米，通体施黄釉，釉下施褐蓝彩，1973年江苏扬州唐城遗址出土，现藏扬州市博物馆。

这一时代到来的标志是青花瓷器的产生与发展。

青花是陶瓷中的一个大的品类，其特点是在白瓷胎上用含金属钴的青料绘饰纹样或图画，然后罩透明釉一次烧成，其绘饰烧成后呈蓝色。从起源来看，使用钴作为釉的彩料在唐代已比较普遍，唐三彩中的蓝色和纯蓝釉陶器所用呈色剂都是钴。唐代亦有青花器的生产，但只不过为数不多而已。

青花瓷器的创烧成功，是陶瓷史上一个划时代的转变。在元代青花器产生以前，中国陶瓷的装饰方法以刻花、剔花、压印花、贴花为主，而青花的装饰方法主要是用绘画的方式，这就将中国书画艺术的方式与瓷器的装饰方式统合起来，将书画艺术从纸、帛的材料上转移到立体的陶瓷器物上来，成为一种新的视觉形式，新的艺术载体。当然，青花的发展与普及并非仅此一因，还有其他许多的优点：一是青花的钴料具有很强的着色力，呈色鲜艳，而窑内气氛对其影响小，烧成范围宽，呈色稳定，在工艺技术上容易掌握，成品率高；二是青花是釉下彩，烧成之后，绘饰可以永不褪脱；三是青花的原料是含钴的天然矿物，我国许多地方出产，钴料使用方便，在绘饰时可根据需要随意浓淡，中国画的笔墨意蕴均可适当地表现出来，烧成后呈白地蓝花，绘饰鲜明艳丽，素雅而大方，有中国传统书画的艺术效果。这就是说，无论从工艺技术上还是在装饰形式上，青花都具有其他瓷器品类无以匹敌的优点，而深受人们的喜爱。

现发现和现保存的青花器大多是元明清时代的。元代的青花器存世不多，有四百余件。在 20 世纪最早发现元青花的是英国学者霍布逊，他于 1929 年发现了带有至正十一年（1351）铭的青花云龙象耳瓶，瓶颈部有题字为："信州路玉山县顺城乡德教里荆圹社，奉圣弟子张文进喜舍香炉、花瓶一付，祈保合家清吉，子女平安。至正十一年四月良辰谨记。星源祖殿，胡净一元帅打供。"瓶身绘缠枝菊、蕉叶、飞凤、缠枝莲、海水云龙、波涛、缠枝牡丹及杂宝变形莲瓣八层图案。

元青花器一般器形高大，胎体厚重，青花呈色鲜艳而深沉。元青花器的造型主要有罐、瓶、执壶、盘、碗和高足杯等。其装饰一般分为主纹和辅纹二类，主纹装饰在罐、瓶的腹部和盘心，主纹有植物如松竹梅、牡丹、莲花、菊花、番莲、芭蕉、灵芝、山茶、海棠、瓜果、葡萄、牵牛花等；动物主纹有龙、凤、鹤、鹿、鸳鸯、麒麟、狮子、海马、鱼等；还有竹石、杂宝等。辅纹一般为卷草、锦地、回纹、云水、焦叶、莲瓣、缠枝花卉等等。从元代青花起，历史故事作为装饰的主题极为盛行，如周亚夫细柳营、萧何月下追韩信、蒙恬将军、三顾茅庐等，这些画面与元代戏曲小说和版画的盛行有很大关系，一直影响到明清瓷器装饰。元代青花装饰的特点是装饰结构满密，层次多，而主次分明，搭配有序，风格整一。

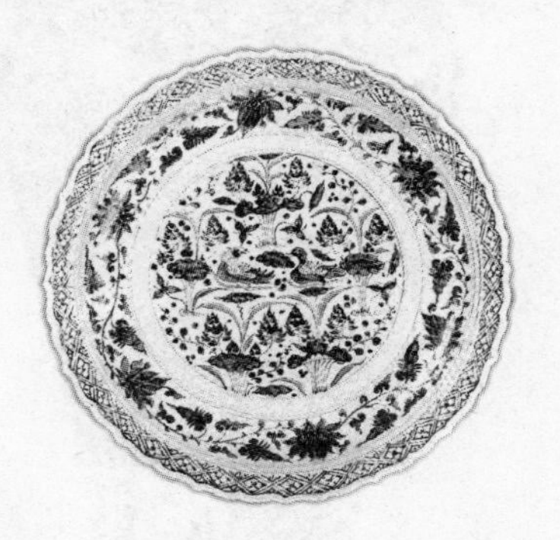

图 2—55　青花鸳鸯莲纹盘

高 6.7 厘米，口径 46.5 厘米，盘口为菱形，折沿，圈足，现存故宫博物院。

图 2—55 为青花鸳鸯莲纹盘，纹饰分为三层，口沿饰一周菱形锦纹，盘内壁饰六朵缠枝莲花，盘心的主体纹饰为五组莲花和鸳鸯组成的“满池娇”，鸳鸯与荷花穿插有序、即满又空透轻盈，动静结合，高超而娴熟的用笔生动传神，极好地反映了元代青花的绘饰水平。

梅瓶指小口、丰肩、瘦底的一种造型形式，产生于宋代，元承宋制但口部加高，口沿平坦，肩部更趋丰满。图 2—56 为青花缠枝牡丹纹梅瓶，胎骨趋厚，是瓶的功能由实用向陈设转变的特征之一，此瓶由五组纹饰组成，肩部饰杂宝纹和缠枝莲纹各一周，腹部饰缠枝牡丹纹，其下绘一周细带状卷枝纹，颈部作莲瓣纹。全器装饰整一而丰满，繁而不乱，青花呈色深浓艳丽。

江苏江宁县沐英墓中出土的元青花“萧何月下追韩信”梅瓶（图 2—57），是以历史故事为装饰主题的青花器，亦是元青

图 2—56　青花缠枝牡丹纹梅瓶

高 42 厘米，胎白釉青，口沿平折，短颈丰肩，现藏江西景德镇陶瓷馆。

图 2—57　青花“萧何月下追韩信”梅瓶

高 44.1 厘米，小口，短颈，1950 年江苏江宁沐英墓出土，现藏南京市博物馆。

花中的上品，出自景德镇民窑。瓶的造型厚重而秀美，瓶腹部绘人物、松、竹、草石等，人物神情生动，草木等景物安排有序，体现了民间工匠朴实无华、生动自然的绘画风格。收藏于云南省博物馆的元青花人物牡丹纹盖罐，产自云南，青花呈色青而发黑，主体纹饰为牡丹和人物，所绘纹饰用笔流利舒畅，是元代云南瓷窑的装饰风貌的代表之作。

1970 年北京元大都遗址出土一件青花凤头流扁执壶（图 2—58），壶身为扁圆形，小口，这是一件装饰与造型整合为一设计巧妙的杰作，器腹主题纹饰为展翅飞翔的凤，凤首为立体的壶流，凤尾卷曲成执手柄，凤身处满饰折枝花卉，青花色泽鲜艳和凝重，造型新颖别致。

图 2—58 青花凤头流扁执壶

高 18.7 厘米，1970 年北京元大都遗址出土，现藏首都博物馆。

元代景德镇的陶瓷匠师们还有一个重大的发明，即创烧成功了釉里红。与青花一样，釉里红也是釉下彩，只是所用呈色原料不同，釉里红用的是铜红料，同样是在胎上绘画纹饰之后罩以透明釉，经高温还原焰烧成，其釉下纹饰呈现红色。釉里红对烧结过程中的窑内气氛要求较高，一定要在还原焰气氛中才呈现出红色，而青花则要求较低，窑内气氛对呈色影响不大。

图 2—59　釉里红开光花鸟纹罐

高 24.8 厘米，胎质细腻，青白釉略闪灰。1980 年江西高安窑藏出土，现藏高安县博物馆。

因此，釉里红烧成难度大，产量低，以至传世与出土的元代釉里红瓷器数量很少。图 2—59 为 1980 年江西高安县窑藏出土的釉里红开光花鸟纹罐，菱形开光内绘主体纹饰鹤、菊、孔雀和牡丹。

釉里红产生后，青花与釉里红出现了整合的趋向，不久便出现了青花与釉里红结合的产品，1964 年在河北保定市窑藏出土了一只青花釉里红开光镂花盖罐（图 2—60），罐肩部绘有四朵灵芝垂云纹，上绘青花水波纹，衬托白色莲花。盖及足部绘青花莲瓣纹。腹四面各有一菱花形开光，周饰串珠纹，开光内镂空雕青花夹紫泛绿色花卉、山石，花面均为红色（釉里红），色彩对比强烈，制作精致，是匠心独运的精品。青花釉里红装饰的结合，为明清彩瓷提供了经验。

图 2—60　青花釉里红开光镂花盖罐

通高 41.2 厘米，直口，短颈，溜肩，1964 年河北保定窑藏出土，现藏河北省博物馆。

青花瓷设计和生产的鼎盛期是在明代，由于宫廷在景德镇设立御窑烧制瓷器，民间亦大量生产，而形成青花生产的两大系统。民窑是景德镇瓷业生产的主体，至明嘉靖年间，景德镇从事瓷业生产的已达十万余人，成为闻名全国的瓷都。应该说从元代起，景德镇飞速发展的瓷业生产已奠定了其瓷都的地位，而入明以后，全国一些大的窑场相继衰落，如钧窑系的各窑几乎都已停产，龙泉窑青瓷在质量和产量上已无法与景德镇相比，磁州窑的白地黑花瓷器与青花器相比也不具优势，各路能工巧匠逐渐向景德镇云集，使景德镇成为“工匠来八方，器成天下走”的著名瓷都。

景德镇民窑具有优秀的匠师和一定的生产规模，据记载，正统元年（1436 年）民窑匠师陆子顺一次就向北京宫廷进贡瓷器五万余件。民窑生产有不同的分工，《天工开物》记载，当时的制瓷生产有舂土、澄泥、造坯、汶水、过利、打圈、字画、喷水、过釉、装匣、满窑、烘烧等工序，“共计一坯工力，过手七十二，方克成器”。民窑产量比官窑要大，除生产百姓所需的日用粗瓷外，还生产高级的细瓷和陈设瓷，并产生了为宫廷烧造钦限御器的“官古器”户、“上古器”户和“中古器”户等。明政府施行的“官搭民烧”制度，以硬性指派的形式将宫廷需要临时加派的烧造任务，交由民窑完成。

官办御器厂始于洪武年间，其任务是专为宫廷烧制各式瓷器，包括朝廷对内对外赐赏和交换的瓷器。御器厂初设时有窑20座，宣德年间曾多至58座，分工比民窑更为细致，其生产数量十分惊人，据记载宣德八年（1433年）根据尚膳监的需要，一次就烧造龙凤瓷器443 500件。御器厂控制着最好的瓷土，使用进口青料，征调民间优秀工匠，不计成本、报酬，极力追求产品的精致，以至每件瓷器的耗费几与银器相近。

明代青花瓷器以永乐和宣德时期的青花器最为优美。这一时期的青花器以胎釉精细、青色浓艳、造型多样、纹饰华美为特点，是中国青花瓷生产的黄金时期。从造型与装饰风格上看，明永乐、宣德青花器，逐渐改变了元代厚重雄健的风格而趋于清新流丽，出现了许多十分精致精巧的小型器物，如青花压手杯，用拇指和食指便能掌握。这时的器形设计丰富而多样，除传统型的碗、盘、洗、炉、缸、罐、高足碗、灯、梅瓶、贯耳瓶外，创新设计了抱月瓶、长颈方口折壶、天球瓶、八角烛台、花浇、筒形花座、仰钟式碗等，有的造型吸收了西亚器物设计的影响，有的是直接为国外用户制作。

明代青花瓷的装饰艺术上承宋元又开清秀典雅之新风，纹饰以植物纹为主，如缠枝莲、牡丹、仙桃、葡萄等；动物纹以龙凤纹为主，还有少数的麒麟、海兽。

图2—61为明永乐年间景德镇烧造的青花双系扁壶，此壶

又称卧壶，即可以卧置。从造型设计上看，瓶腹一面鼓起，腹中有脐形凸起，另一面则是无釉的砂底，腹正面饰纹样三层，外层为盛行的浪花边饰，中层为缠枝花，中心以海浪纹为地，绘八角星和环枝花。此瓶的奇特造型，有西亚器物造型的明显影响。故宫博物院收藏的青花云龙纹碗（图2—62），胎轻质优，以进口青花料绘制，呈色青蓝艳丽，主体纹饰为云龙纹，龙体雄健有力，布局精当优美。龙为五爪龙纹，一般而言，五爪龙为皇帝所专用，庶民士子一律不得僭越。

图2—61　青花双系扁壶

通高54厘米，小口，直颈，带盖，用进口青料绘制而成，现藏故宫博物院。

图2—62　青花云龙纹碗

高9.4厘米，撇口，丰底，圈足，无款识，现藏故宫博物院。

元代青花器物造型厚大，明代青花器趋于小巧，这主要是

图 2—63　青花松竹梅纹大盘
高 8.5 厘米，广口，阔底，圈足，原为宫廷旧藏，现藏故宫博物院。

日益实用化的结果，元代青花大型用器主要是寺庙供器或为国外所订制，而明清则主要是生活用器，如碗盘等。但明清时代的青花器亦有巨制，如现藏故宫博物院宣德年间生产的青花松竹梅纹大盘（图 2—63），口径达 63.5 厘米，胎薄质细而不变形，在工艺上有较大难度。盘内壁分饰茶、菊、牡丹、石榴、荷莲、芙蓉六组，盘心绘山石、松树、芭蕉园景，组成一幅清朗疏秀、绘画与装饰纹样统合的整一画面。明青花的绘饰具有极高水平，虽出自匠师之手，但其笔墨功力和情趣韵味均达到一定的境界。宣德时烧造的青花海水双龙扁瓶，用细密的海水波纹衬暗花白龙，海水用笔雄放恣肆，挥洒自如，这种融中国画写意笔法又独具装饰性的表现形式形成了青花瓷器装饰特有的艺术语言和风格，影响深远。

生活的需要而决定了一定器具的造型形式，如用于泡茶饮酒的壶必须有流、盖和把手，但人生活方式的多样性和生活需要的多样性，又要求造物设计必须是多样性的，即使是同一种功用的壶，也可以产生众多不同的造型形式。非独如此，在工艺中，影响造型的因素还有材料和工艺，同是一种壶，用陶瓷材料采用拉坯工艺与用金属材料制作会形成不同的造型形式。众多的造型形式表现了人审美创造的巨大才能和审美需求的多样性。同时，这不同材料创制的不同形式亦为各种工艺材料的设计生产提供了借鉴，如在陶瓷设计与生产中，匠师们常常仿漆、木、金属材料器物的样式创制新的作品，在青花瓷器的生产中亦复如此。图2—64为宣德时期景德镇烧造的青花折枝花纹盖执壶，其造型仿自13世纪叙利亚金银执壶的样式设计，瓶体高大，长颈折肩唇口，肩以下渐次收缩呈倒梯形，肩部一侧设一曲形柄，装饰上以缠枝花和莲花为主。

图2—64　青花折枝花纹盖执壶

通高38.8厘米，宣德时烧造，长颈，折肩，现藏故宫博物院。

以上青花作品基本上都属于官窑作品或是官窑风格的作品，其特点是器物造型规整严谨，用料考究，制作工艺精致，装饰风格细致，程式化，具有较高的水平。一般而言，官窑产品是为适合统治阶级的需求包括审美需求而设计的，统治者为了饰威饰荣，标示统治阶级的地位与财富，必然要求精工而华丽，从而也形成或影响着他们的审美需求。

在官窑器生产中，统治阶级尤其是宫廷贵族不乏对瓷器造型装饰的指涉，宋徽宗赵佶在《大观茶论》中对黑釉茶盏的评论即表明了他对瓷器的审美判断，清雍正皇帝多次直接对瓷器的设计图样进行认定和指示修改，雍正七年四月，雍正令烧制仿成化五彩瓷，传旨“照此样烧选几件”，并说“原样花纹不甚好”，要求匠师“往精细里改画”（《清造办处档案》3323号）。他曾指示“嗣后宝月瓶不必烧造”，墨菊花要少画些，甚至连花瓣的工细程度亦加以关注，雍正十一年九月在送审的设计图样上他指示道：“菊花瓣画草了，嗣后照千层叠落花瓣画。”官窑的督办和匠师们只能按照统治者的需求无止境地追求精细工整，最终在技艺日臻极致时艺术水准则趋向低落。

而为广大百姓生产的瓷器的民窑，由于各方面的条件都不如官窑，审美需求也不相同，因此，瓷质和工艺加工不如官窑，瓷器的造型和装饰呈现出另一种粗犷、朴实劲健的风貌。

民窑产品的对象是劳动大众，人们限于财力物力，只能购买那些廉价产品，而朴实淳厚的民风民情又决定了他们的审美情趣和需求，人们对贵族阶级的那种精致严整的东西缺少兴趣，而欣赏那种粗犷有力、淳朴至性的东西。因此，民窑青花产品，其造型不拘一格，以实用为主，造型简洁，厚实耐用；其装饰朴实大方，随意自然，形成了一种大写意的风格，无论人物、花鸟禽兽，均一笔挥就，潇洒自如（图2—65）。民窑青花的大写意风格，实际上就是减笔写意画法，大批量生产要求工匠们既要省工省料，又要省时多产，其装饰只能是艺术上神似而不拘工细，由此，画工们创造出了属于自己的艺术表现语言和方式，走出了一条独特的瓷器装饰艺术道路。

民窑青花瓷的写意风格，从发展来看，它与宋元时代磁州窑等民窑一脉相承，在明清时代表现面更广，手法更为娴熟而更纵横肆恣，往往寥寥几笔，便得形神全采。民窑青花艺术在绘饰上以减笔大写意为主，即使是规整的图案纹饰，亦能在保持基本骨架的基础上，随心所欲，不为细末之处所羁。图2—66为北方民窑所产的青花公鸡大碗，为适合碗沿的构图而夸大张开的鸡翼和鸡冠；同为碗沿装饰的鱼形纹饰，既传神又图案化

图2—65　民窑彩绘瓷

彩绘线条粗犷，流畅，江苏近代民窑产品。

图2—66　民窑青花公鸡大碗

口径23厘米，风格粗犷自由，典型民窑写意风格作品。

图 2—67　民窑瓷碗沿鱼形纹饰
画径 4.3 厘米，写意风格。

了（图 2—67）。晚明至清代的青花湖桥老人图纹碗（图 2—68），大写意的手法从起初的具象一直简笔至一种符号化的象征，这种由初起的写实性描绘随着时间的推移和熟练程度的加深，其描绘越来越简，越来越抽象，最终成为一个抽象的符号，图 2—69青花婴球图纹碗的演变表明了这一符号化的发展过程，而这一符号又必定为使用者所辨识所接受，从而积淀为一种民族性民间性的生活艺术文化，成为民间文化艺术的一部分。

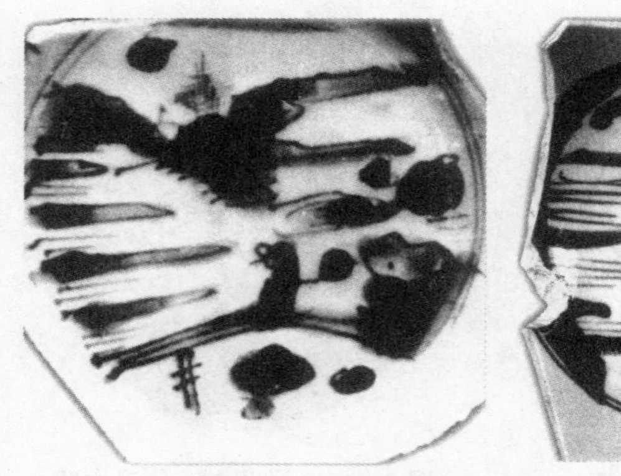

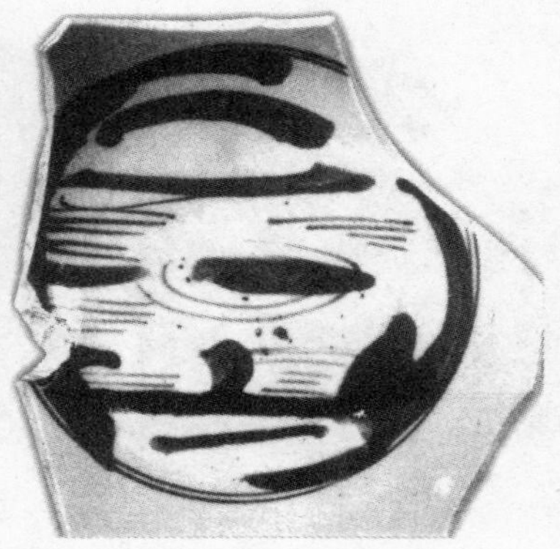

图 2—68　青花湖桥老人图纹碗（残片）
绘画的大写意风格，由繁至简，直至抽象。

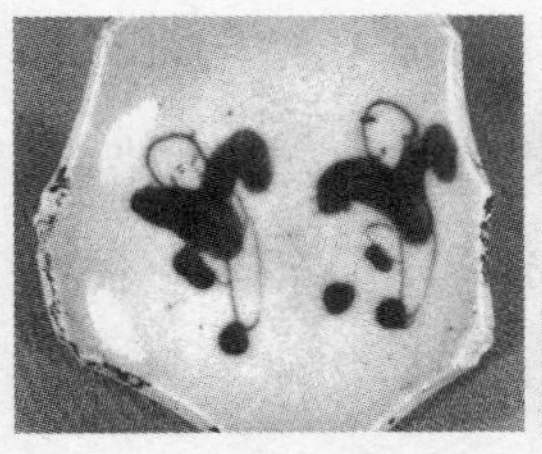
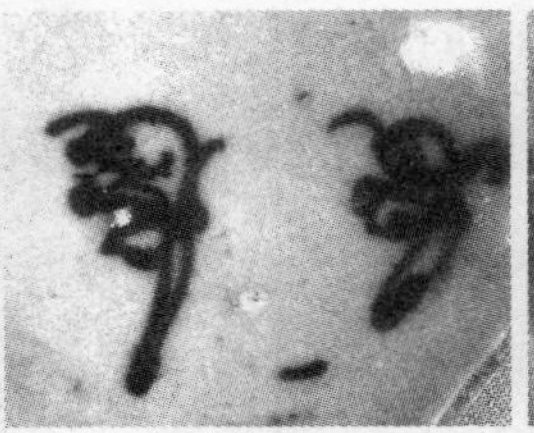

图 2—69　青花婴球图纹碗（残片）
绘画形象由写实至抽象。

二　五色彩瓷

明清瓷器在承继历代的基础上不断有新的发展和创新，在工艺上往往达到了历史的新高峰，有些作品虽然在审美追求和文化品位上不及宋元，但仍然是中国陶瓷史上的精品之一。其中，斗彩、珐琅彩、粉彩、五彩等彩瓷亦是应值得推介的重要品类。

彩瓷主要指釉上彩和斗彩。釉上彩是在已烧成的瓷器釉面上用有色釉料描绘花纹，再入窑烧制，其烧成温度一般都在800℃左右。明代最杰出的彩瓷是成化年间创烧成功的斗彩。斗彩是釉上彩与釉下青花相结合的一种彩瓷，釉上与釉下纹彩相斗相成，互为衬托，中间夹着透明釉层，这是明代成化年间制瓷匠师们开创的陶瓷装饰新工艺。

釉上彩在宋元时期，主要表现为在已烧成的器物上绘画低温的红绿彩，再入窑烧成。明宣德开始出现釉下青花与釉上彩结合的新工艺，但当时的釉上彩主要是红彩，成化釉上彩所使用的彩料已达数种以上，如鲜红、油红、鹅黄、杏黄、密蜡黄、姜黄、水绿、叶子绿、山子绿、松绿、孔雀绿、孔雀蓝、葡萄紫、赭紫、姹紫等。这些彩料，多数来自天然矿物，主要着色元素是铜、铁、钴，成化时期的匠师们运用有限的矿物的不同配比，创烧出了十数种不同的彩色，表现出了巨大的创造性。

成化斗彩的制作是先用青花勾画轮廓线，上透明釉经烧成后，再在其釉面上用平涂的方法施彩。成化斗彩所使用的白瓷，瓷质细而坚，釉厚色白，达到了白瓷生产的历史最高水平，为斗彩的呈色提供了好的基础。遗憾的是成化斗彩瓷传世至今的作品较少，故宫博物院收藏的斗彩海水龙纹盖罐，罐高仅13.1厘米，罐外壁装饰海水云龙纹，波涛起伏，蛟龙行驰于云水之间，气势壮观。全罐以青花勾勒轮廓，龙身施填黄彩，云朵海水填绿彩，浪花则留白不加彩，形成白浪滔天蛟龙出水的壮观景色。在这一罐的外底部有一青花楷书“天”字，因此这类署“天”字款的罐又称“天”字罐，天字罐是成化斗彩中的精品，十分名贵（图2—70）。

图2—70　斗彩海水龙纹盖天字罐

高13.1厘米，成化时烧造，外底有青花楷书“天”字款，造型端庄，现藏故宫博物院。

青岛市博物馆收藏的斗彩海马纹天字罐，景德镇窑产，胎薄质坚，釉白莹润。肩与腹下部绘芭蕉叶纹为附饰，主题纹饰为四匹奔马驰骋在云水之间，马蹄之下是海水波浪，马与马之间有升腾的祥云，马四蹄腾空，昂首扬尾，若天马行空，纵横驰骋。罐底书“天”字，罐高仅10厘米，此类“天”字罐多小巧玲珑，制作工艺精致。

成化斗彩最杰出的产品是所谓的“鸡缸杯”。鸡缸杯的口径一般在8厘米左右，其图案，大多画一公鸡、一母鸡和三只小鸡，并配置牡丹湖石和兰草湖石作衬景。湖石以青花呈色，其他用青花勾线，填以各种色彩。故宫博物院藏的斗彩鸡缸杯（图2—71），杯内白色无纹饰，外壁绘纹饰四组，兰花柱石、芍药花柱石各一组，其余二组为相同的子母鸡共五只，公鸡昂首啼鸣，母鸡啄虫哺雏，三只小鸡在周围觅食，画绘精致传神。鸡缸杯胎薄体轻质洁，迎光透影，更显得斗彩之明丽和生动。鸡缸杯在明万历时已经难得且十分昂贵，《神宗实录》谓：“神宗时尚食，御前有成化彩鸡缸杯一双，值钱十万。”流传至今的鸡缸杯已极其罕见，成为稀世珍宝了。

图2—71　斗彩鸡缸杯
高3.3厘米，现藏故宫博物院。

在成化斗彩工艺的基础上，经过弘治、正德两朝至嘉靖、万历年间，制瓷匠师们又创制出了五彩瓷器。五彩瓷既有釉上彩瓷，即所有彩绘均是绘饰在透明玻璃釉上的，也有以青花作为一种色彩形成釉下彩与釉上彩结合的五彩，这种五彩与上述斗彩不同的是，斗彩以青花作为纹饰的轮廓线和主色，其他釉上彩色以填涂为主，而五彩中的青花不是纹饰的轮廓，而是作为一种青或蓝色而存在的，是五色中的一种。之所以仍以釉下青花色作蓝色，因为直到清康熙时期釉上蓝彩才烧制成功，在此之前的蓝色只能以青花代替。

嘉靖和万历年间的青花五彩与成化斗彩相比，成化斗彩的色彩鲜艳，但构图和用色均疏朗典雅、清新秀丽；而嘉靖、万历五彩则以构图的满密、色彩浓艳为特色，尤以红色为主调，图形和色彩均充满张力，给人以强烈的视觉冲击力，这也是贵族统治阶级所希求的。图 2—72 为中国历史博物馆收藏的明嘉靖五彩鱼藻纹盖罐，主体纹饰为游鱼、水藻、荷花组成的荷塘景色，红色的鲤鱼，绿色、蓝色、黄色的荷叶、水藻等密而有致，色彩鲜亮，鱼藻虽作为装饰纹饰而绘制，但中国画工笔画的笔墨情趣仍历历在目。上海博物

图 2—72　五彩鱼藻纹盖罐

通高 46 厘米，直口阔肩，圆腹平底，1955 年北京朝阳出土，现藏中国历史博物馆。

馆藏的五彩团龙纹罐，全罐的装饰也是规整的图案，主体纹饰为海水团龙，结构满密，色调浓艳强烈。

万历时期的五彩比嘉靖时更胜一筹。台湾“故宫博物院”收藏的五彩百鹿尊（图 2—73），器身满绘五彩麋鹿，暗喻“受天百禄”，百鹿中间饰树林、山石、云朵、湖水，百鹿在山坡水池旁奔走、食草、嬉戏，四株大树将画面分成有机相连的四部分，而蓝色的云朵以波浪形组成上下三层穿插在百鹿与山石之中，使单体的鹿连接成一个动态的整体，因此，画面虽满密而不乱，色彩以红绿为主调。

图 2—73　五彩百鹿尊
高 34.6 厘米，明万历年间造，现藏台湾“故宫博物院”。

五彩瓷的特色之一可以说是色彩的丰盈与热烈，这也许根源于使用者的需求，故宫博物院收藏的五彩镂空云凤纹瓶，不仅五彩灿烂，而且采用镂空手法，在器腹雕绘九个姿态各异的凤凰，在凤凰四周衬以如意、蕉叶、团寿、云头、钱纹、花鸟、八宝纹饰，更增添了器物的富丽与新奇。

图 2—74　万历五彩云龙纹花觚

在装饰风格上青花有素雅简洁的品格，而五彩却属于富丽繁复的风格，它总以红艳绿浓为审美的要求。故宫博物院收藏的万历五彩云龙纹花觚（图 2—74），细长颈、球形腹、瘦胫。颈部纹饰为两龙戏珠，腹部纹饰为两组孔雀花树。全器花纹满密，层次繁复，色彩大红大绿分外鲜艳夺目，是五彩器中以红绿艳色取胜的代表之作。明清时代的景德镇民窑也生产五彩瓷器，与官窑五彩不同的是，民窑五彩器主要以红色或红绿彩为多，色彩相对简单。

清代五彩瓷的重要贡献是在康熙年间发明了釉上蓝彩和黑彩，釉上蓝彩的发明，使五彩之蓝色再也无须依靠釉下青花的呈色，而且釉上蓝彩比青花之蓝釉更深厚浓艳，黑彩也同样如此，因此，康熙五彩比明代的更亮丽鲜艳，有的还使用金色，使五彩更趋灿烂辉煌。

清代彩瓷的创新还体现在珐琅彩和粉彩的工艺方面。珐琅彩瓷器是清代康熙、雍正、乾隆三朝十分名贵的宫廷御器。珐琅彩瓷所使用的绘画颜料是珐琅料，明代新兴的铜胎上掐嵌铜丝并填以红、黄、绿、白诸色釉料经烧制而成的“景泰蓝”，红、黄、蓝诸色釉料是一种称作珐琅的进口彩色釉料，在金胎上描绘称“金胎画珐琅”，铜胎上描绘称作“铜胎画珐琅”，瓷胎画珐琅即珐琅彩瓷。珐琅彩瓷创始于康熙年间，其产品大多是盘、壶、盒、碗、杯、瓶等小件器物。其制作工艺是在素烧过的瓷胎上（器内壁上釉，外壁无釉），以黄、蓝、红、豆绿等色为地色，彩绘缠枝牡丹、月季、莲、菊等图案，由于彩料较厚，有颜料堆起的立体感。在雍正时期，珐琅彩一般画在已烧成的白色瓷器上，其绘画烧造均在清宫内务府的造办处内进行，其绘饰与康熙时明显不同，康熙时的珐琅彩绘以图案为主，或只绘花枝有花无鸟，而雍正时则几乎都是完整的画面，有花鸟、竹石、山水等各种景物，还有书法和诗词相配，成为诗、书、画、瓷相结合的艺术珍品。

图 2—75 为故宫博物院收藏的珐琅彩松竹梅纹瓶，瓶形似橄榄又称“橄榄瓶”，其绘饰为一幅典雅秀丽的工笔重彩画，松竹梅为“岁寒三友”，树干为赭色，叶为绿色，配以粉红的花朵，各色皆有深浅浓淡的韵味变化，上有题字“上林苑里春长在”，并有胭脂彩画的“翔采”、“多古”、“香清”三印章。此瓶典丽清秀的绘画性再现了珐琅彩的无穷魅力和艺术表现力。珐琅彩雉鸡牡丹

图 2—75　珐琅彩松竹梅纹瓶

纹碗（图 2—76），在洁白莹润的瓷碗上绘饰雉鸡牡丹，雉鸡雌雄一对，栖于山石之上的牡丹丛中，另一面还有墨彩题诗和红章，绘画精致工整，色彩亮丽洁净。珐琅彩瓷的创制，为在瓷器装饰中更好地引入中国工笔重彩画提供了又一个工艺方法，并开创一种清新秀丽的瓷绘风格，具有很强的表现力。图 2—77 为黄地珐琅彩梅花诗文碗，红绿色梅花共枝，在黄色的底色衬托下更显婀娜多姿，花香袭人。还有珐琅彩蓝色山水纹碗，运用蓝色深浅浓淡的不同变化表现出青山远岫、苍松茅屋的秀丽景色，而洁白透影的瓷体更使绘画山水显得清秀典雅。

图 2—76　珐琅彩雉鸡牡丹纹碗
高 6.6 厘米，碗底有“雍正年制”楷款，用彩讲究，现藏故宫博物院。

图 2—77　黄地珐琅彩梅花诗文碗
高 6.2 厘米，“雍正”款，现藏故宫博物院。

在五彩的基础上又吸收珐琅彩的工艺制作特点，制瓷匠师们在康熙年间还创作出了名为“粉彩”的新品种，粉彩与五彩、珐琅彩一样也是釉上彩，不同的是，粉彩是在绘涂颜料前先用“玻璃白”打底，用中国工笔绘画中的渲染法渲染色彩，表现出物体的阴阳向背、浓淡干湿，而具有立体感。粉彩烧成温度比五彩低，而色彩更丰富，因此，色彩更为娇艳柔嫩，并以淡雅秀丽而区别于其他彩瓷。

雍正时期是粉彩瓷取得最高成就的时期，其采用的白瓷胎质洁白坚薄，釉汁纯净，其装饰画面有花鸟、人物故事及山水画一类的绘画性作品，也有以图案纹饰为主和两者结合的作品，其特长是可以表现物象如花瓣花叶的阴阳向背的立体感，所以常以花卉画为主。如故宫所藏粉彩牡丹纹盘口瓶，先用工笔勾勒出牡丹的花与枝叶，然后打底晕染，花瓣的阴阳向背、前后转折，浓淡层次都十分明晰逼真，尽写牡丹之娇媚富贵之姿。雍正款粉彩六桃纹天球瓶，绘寿桃六，疏枝简叶更突出寿桃之肥，而画面淡雅秀丽又极富色彩感。粉彩红蝠绶带纹碗是图案结构与工笔绘画结合的作品，花蝶翩翩，兼工带写，色彩柔和而淡雅。

彩瓷可以说是明清中国陶瓷艺术中一颗璀璨的明珠。

第 3 章

工艺经典

第一节　青铜经典

一　青铜时代

在人类物质文化史上，继旧石器时代、新石器时代之后的第三个时代被称作“青铜时代”，这是一个流淌着奴隶的鲜血、铄金烈火的时代，是人类历史上利用金属材料进行设计和造物的第一个时代，也是最初使用青铜兵器和工具的时代。最早使用“青铜时代”这一名称的是丹麦学者克·吉·汤姆森，他认为“以红铜或青铜制成武器和切割器”的时代即青铜时代。此后，英国学者戈登·柴尔德曾提出人类青铜时代发展的三阶段模式及其特征：第一阶段中，兵器和装饰品中有用红铜或青铜的合金制造的；第二阶段中，红铜和青铜在手工业中起作用，但不用于农业活动；第三阶段以金属器具引进农业即用于繁重劳动中。这亦是世界上大多数地区古代青铜时代的特征。

“青铜”是指自然铜（红铜）与锡、铅等化学元素的合金。不同用处的器物或工具需要不同的合金配比，如刀剑需要一定的硬度和韧性，其铜锡配比与青铜镜就有较大差别，中国先秦时代的《考工记》就曾记载了一个较为科学的青铜配比，如钟鼎一类器物的铜锡配比为 6∶1，斧斤一类的工具为 5∶1，青铜镜为1∶1（图3—1）。

图3—1　战国铜镜

人类发现和利用金属材料的历史很早，最早使用的是自然铜，在伊拉克的杜威·彻米曾发现公元前10000年至前9000年使用自然铜设计制作的装饰品，伊朗西部的阿里·喀什，发现的原始居民使用自然铜制作的装饰品，其时代是公元前9000年至前7000年，埃及进入铜石并用时代是在公元前4000年，古希腊的青铜时代开始于公元前3000年以前。

中国的青铜时代从公元前两千年左右开始形成，经夏、商、周三代，大约经过了15个世纪。中国青铜时代有着自身的特点，一是以大量使用青铜生产工具、兵器和青铜礼器为特征，与其他国家不同；二是中国在进入青铜时代以前，有一个漫长的技术和经验积累过程。在距今约六千年的仰韶文化半坡遗址中，曾发现过质地不纯的黄铜片，临潼姜寨也发现了类似的黄铜片，其成分是65％的红铜，25％的锌；在距今四千五百年左右的山东龙山文化的胶县三里河遗址发现有两件铜锌合金的铜锥；距今约五千年的马家窑文化遗址也出土过青铜小刀。距今五千余年的青海齐家文化墓葬中，发现了相当数量的用青铜和红铜制作的生产工具和装饰品，如刀、斧、凿、锥、钻、指环、铜镜等。三是中国的青铜时代有着独特的中国文化内涵和设计品质，仅就装饰而言，威严狰狞的人物、动物形象组合，其内蕴和表达的意义，在其他文明中是不多见的。

中国的青铜时代长达一千五百余年，在商晚期和西周早期达到发展的高峰。进入春秋晚期的铁器时代，青铜技术仍旧有新的发展，直至战国晚期，由于铁器工业的飞跃发展，青铜的历史地位逐渐被铁所取代。可以说，在世界艺术之林，中国的青铜艺术是独树一帜的，其冶铸技术之进步、生产和铸造规模之宏大、品种造型之多样、设计之匠心、装饰之精美，都是独一无二的（图3—2）。

冶铸技术是青铜工艺的一面镜子，亦是青铜工艺技术特征的基础。在青铜冶铸方面，我们的先人创造了复合范、分模制范、陶范、失蜡铸造、复合金属铸造等冶铸技术，这些技术直到今天仍然具有一定的实用价值。复合范技术起自商代，当时

图 3—2　龙凤方案

高 36.2 厘米，战国中晚期作品，案四缘饰错金银云纹，1977 年河北平山三汲出土，现藏河北省文物研究所。

采用这种内外模（复合范）技术能铸造各种造型复杂的容器。从工艺上来看，制造青铜器的第一个步骤是设计并先塑造一个基本相同的实心泥模（母模，其上基本造型和主要纹饰具备），然后在其上翻制外范即所谓“分范”，青铜器上的主干纹饰“主纹”是从泥模上翻制的，细花纹则是在翻制好的泥范上作进一步雕刻的结果，分范后再将母模的表面刮去一层用作内范，刮去的厚度即是器皿器壁的厚度。内外范制好后，经过阴干和焙烧，成为合格的成品范。使用时将内外范合在一起，留出浇铸口，涂泥外固并对其进行预热，至烧结的程度，此时浇铸铜液，冷却后经过打碎外范、清除内范，对器皿进行磨砺加工等工序，便完成了一件青铜器的制造过程。在整个过程中，设计和制范是关键，东周时期，这种制范工艺（一模一范）方法又有了重大改进，出现了分模制范和使用陶范的工艺，大大提高了生产力。

失蜡铸造，其工艺是在制模时，不用泥作母模，而是用一种特制的蜡作母模，在整个母模被泥浆一层层包裹并干固后，只需用烤化的方法将蜡熔化，利用失蜡制模工艺能设计和铸造十分复杂的青铜制品。现今发现最早使用失蜡铸造工艺的作品是 1978 年 5 月河南省淅川楚王子午墓出土的云纹禁（图 3—3），禁是一种小案子，该禁四周为龙，装饰结构十分复杂的框边是采用失蜡法铸造的。1977 年河北省平山县中山国战国晚期墓出土的青铜方案，高 374 厘米，长 48 厘米，方案最下面是四只梅花鹿，承托一圆圈，上面立有四龙四凤，交错盘绕成半球形，龙顶斗拱承一方案。1978 年曾侯乙墓出土的尊盘（图 3—4），口沿为多层套合的镂空细密龙纹，纹饰结构十分复杂，这些工艺复杂而具有高度艺术水平的作品如不采用失蜡铸造工艺是不可能产生的。

图 3—3　楚王子午墓云纹禁

通高 28 厘米，长 107 厘米，是中国目前所知最早的失蜡法铸造器物之一，现藏河南省文物研究所。

图 3—4　曾侯乙尊盘

通高 33.1 厘米，战国早期作品，饰纹繁缛，1978 年湖北随县擂鼓墩出土，湖北省博物馆藏。

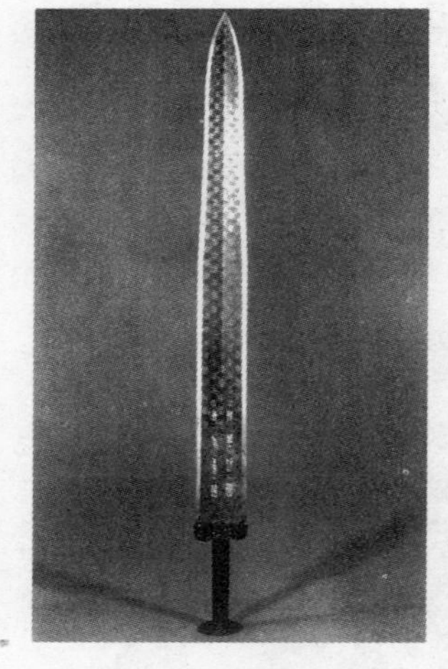

图 3—5　越王勾践剑

长 55.6 厘米，宽 4.6 厘米，春秋晚期作品，剑身有菱形暗纹，湖北省博物馆藏。

复合金属铸造，是用不同成分的青铜合金铸造器物。如兵器中著名的越王勾践剑（图 3—5），剑面的纹饰与剑基体的金属成分不同，据取样化学分析，剑基体是铜 77.62%、锡 20.50%、铅 0.25%，呈金黄色；纹饰金属的数值是锡＜47%、铜＜31.27%、铅＜11.8%，呈银白色，其铸造方法是先铸造基体，留出纹饰空槽，然后再注以低铜高锡高铅的合金。复合铸造还有铜铁合铸，以及复合金属嵌铸等。

商周时代青铜器的铸造规模十分巨

大，据考古学家对司母戊鼎（图3—6）的分析，这一通高133厘米、长110厘米、宽78厘米、重达875公斤的大鼎，铸造时需同时使用七八十个坩埚（当时一个炼铜的坩埚一次熔铜12.5公斤），同时操作的技术工人需要一二百人，这种巨大的规模正是中国青铜器时代鼎盛时期的文化特征之一。虢季子白盘（图3—7）是西周晚期周宣王时期的重器，长137.2厘米，宽82.7厘米，高39.5厘米，是迄今发现最大的青铜盘，制造这样大的水器，同样需要相当多的人力和物力。

图3—6 司母戊鼎

通高133厘米，商代后期作品，立耳，长方形腹，四柱足中空，现存中国历史博物馆。

图3—7 虢季子白盘

高39.5厘米，西周晚期作品，形制雄伟庄重，现存中国历史博物馆。

商周时期青铜器生产和铸造规模的宏大，不仅表现在青铜器器形的高大方面，在数量上亦能得到反映。殷墟妇好墓墓主是商王武丁的法定配偶之一妇好，墓中出土的青铜器多达468

件，估计总重量在 1 625 公斤以上。据统计，仅在殷墟一地，自 1950 年至 1986 年，就获得青铜礼器 650 件，青铜兵器一千四百余件，还有若干件工具、用具、艺术品和杂器等等，可以想见当时的生产规模。

商周时期青铜器生产和铸造的宏大规模，从一个侧面反映了当时社会的政治和经济的发展，也反映了作为设计和制造者的工匠艺术家们博大的气概和胸怀。正是这些受尽统治阶级奴役但又具有无限聪明才智的工匠艺术家们将这种博大的气概物化在青铜器的设计和制造之中，使得几乎每一件青铜器都具有泱泱大国的气度和风采。即使是一件不大的器皿，也同样具有那种震撼人魂魄的力量。

中国青铜时代一千五百余年辉煌的历史，是中国的能工巧匠利用青铜材料进行设计和创造的历史，经过历史的大浪淘沙，迄今仍留下了丰富的遗物和设计遗产。现存于世的青铜器大部分是考古发掘出来的，也有一部分是不同时代传续下来的，不仅数量大，而且品类多，用途各一，根据其用途可以归为不同的类型。按照通常的分类，有农具、工具、兵器、饪食器、酒器、盥水器、乐器、杂器等大类，各大类中又可以分为若干小类。

已发现的商周时期的青铜农具有耒、耜、铲、锛、锸、锄、耨、镰、斧等，这些工具与石制工具和蚌制工具有时是共同使用的。青铜工具是考古发现的最早的青铜器物，有砍伐工具斧、斤，挖槽、孔用的凿，用于切割的锯等。青铜兵器在商周时期曾大量生产，是青铜工艺中的一大类，根据用途分为攻击型兵器和防御型兵器两类：攻击型兵器如戈、戟、矛、钺等，短兵器如刀、剑、匕首，远射程兵器如弩机、矢镞等；防御型兵器如胄和甲。有的兵器形制很复杂，如戈，即有直内戈、曲内戈、内刃戈、三角援戈、条形短戈、圭援戈等若干种。饪食器是青铜工艺中最大的品类，包括鼎、鬲、簋、敦、豆、盂、盆、俎、勺等。青铜酒器也有很多种类，如爵、角、觚、觯、饮壶、杯、尊、壶、卣等。青铜水器大多用于盥洗，分为承水器、注水器、盛水器和挹水器四种，包括各种盘、鉴、汲壶、浴缸等。青铜乐器包括铙、钟、镈、铎、铃、钩氍、淳于、鼓等。杂器包括其他的生活用器、车马器、度量衡、货币、建筑饰件等。

二　国之重器与钟鸣鼎食

三代的统治者无不把青铜重器、礼器视为“国宝”，或作为江山的基础和自身权力及其合法性的象征。恩格斯在分析古希腊文化时曾这样说过：“只有奴隶制才使农业和工业之间的更大规模的分工成为可能，从而使古代世界的繁荣，使希腊文化成为可能。没有奴隶制，就没有希腊国家，就没有希腊的艺术和科学。”① 同样，中国的青铜器艺术亦是奴隶制的产物。在那“有虔秉钺，如火烈烈”的时代中，作为新兴的奴隶主阶级，凭借着强大的政治和经济权力，将自己的意志、威严和崇信物化在青铜工艺之中，使青铜工艺成为奴隶主的权力工具和阶级表征之一。在统治者看来，青铜器皿一方面是“使民知神奸”的工具，具有统治阶级意志的教育和启示功能；一方面“协于上下以承天休”，统治阶级以此来作为沟通天与地、神与人、上与下之间的特殊工具，作为天赋神权的证明，用于奴役民众和确证其统治的必然性。

“礼器”，又称作“彝器”。包括炊器、食器、酒器、水器、乐器等，礼器在青铜器中占有较大比例，殷墟妇好墓出土 468 件青铜器，其中礼器约为 45%，达 210 件。这些所谓的宗庙之器，大都是贡献给祖先或铭记自己武力征伐事迹的纪念物，是贵族阶级进行祭祀、丧葬、朝聘、征伐、宴享、婚冠等重大活动中举行礼仪所使用的器物。

奴隶主阶级为了巩固自身的统治，常把自身的统治说成是上天的旨意与安排，他们依靠“格于皇天”和上帝的巫、尹、史这样的思想家和舆论家，制造秉承天意的种种事象，当时主要的活动是占卜，卜雨、卜年、卜征战的可行与否。奴隶主亦

---

① 《马克思恩格斯选集》，2 版，第 3 卷，524 页，北京，人民出版社，1995。

听命于这种表达天意的占卜预言，如《尚书·洪范》所记载的所谓：“龟从、筮从”则万事可行，若“龟筮共违于人”则只能“用静吉”，任何其他作为都将招致灾祸。这里，巫、尹、史这些特殊人物好像有了使奴隶主听命的特权，实际上他们仅是“格于皇天”为奴隶主阶级提供所谓天授旨意和祯祥而服务的工具。《史记·龟策列传》谓：“自古帝王将建国受命，兴动事业，何尝不宝卜筮以助善。唐虞以上，不可记已，自三代之兴，各据祯祥。”正是有了这些天意和祯祥，奴隶主阶级的统治似乎就有了合法性。而青铜器造型和装饰中所蕴含的神秘、诡异、狰狞的形式特征，便是其依据“祯祥”和天意设计出来的符号和标记。如作为兽面纹的所谓“饕餮”，以超现实世界的神秘恐怖的形象设计，成为统治阶级肯定自身、统治社会、用于“协上下”、“承天休”的工具。

图 3—8　何尊

高 38.8 厘米，西周早期作品，铸工精良，纹饰有立雕感，1963 年陕西宝鸡贾村塬出土，宝鸡市博物馆藏。

现存西周初年第一件有纪年铭的铜器何尊（图 3—8），有铭文 119 字，铭文大意是，周成王于成周福祭武王，四月丙戌日，王在京室训诰宗室弟子说：你的父亲辅弼周文王，很有贡献，文王受到上天授予的统治天下的大命，等到周武王攻克了大邑商，则廷告于天说：我要建都于天下的中心，在这里统治民众。最后王勉励何（作器者）要敬祀他的父亲，并像他的父亲一样夙夕奉公，辅佐王室。王室赐给何贝三十朋，何因此作尊以为纪念。周文王是替天行道，是授受于天而统治天下的，而武王、成王承继文王霸业即承继上天授予的权力。

司母戊鼎（图3—6），1939年河南安阳吴家柏树坟园出土，是我国已发现的最大青铜器，也是重要的礼器代表作。通高133厘米，长110厘米，宽78厘米，重875公斤。其巨大的体量在世界上亦极为少见。从造型上看，中国青铜器所具备的雄浑、厚重、庄严、大方在司母戊鼎上得到了充分的体现，四柱足粗壮有力，长方形的鼎腹周正庞伟，两立耳上举挺拔，巨大的体量和伟岸雄壮的气势宣示出统治阶级王权特有的尊严。司母戊鼎的装饰以夔纹和饕餮纹为主，腹外为夔纹组成的框形装饰带，形成两夔相对的饕餮形象。腹四隅饰扉棱，上端为牛首纹，下端为饕餮纹。柱足上部饰兽首，下饰弦纹。器内壁有“司母戊”（又称“后母戊”）三字，据殷墟卜辞研究，推想司母戊即商王武丁的另一配偶妇妌。

奴隶主阶级时时以自己的武功圣绩作为天赋神权的答卷，记录表彰自己的征伐功绩。1976年在陕西临潼县零口镇周代窖藏中出土的“利簋”（图3—9），又名“武王征商簋”，高28厘米，簋腹内底有32字的铭文，记载周武王征伐商纣一事：在甲子日的早晨，征兆很好，宜于征伐，因而周师一举打败商国。辛未日（克商后七天），武王在一师旅驻地，赏给又事（有事，官名）利（人名）以金（铜），利便用来作成这件宝器。这既是最高统治阶级对下级的赏赐，又是自己的记功碑。

图3—9　利簋

通高28厘米，西周早期作品，两兽耳，圈足，有下方座，1976年陕西临潼出土，临潼县博物馆藏。

青铜重器是权力和地位的象征。《汉书郊祀志》载：“黄帝作宝鼎三，象天、地、人。”九鼎则是天子之数，是国家最高权力的象征。传说“禹收九牧之金。铸九鼎，象九州”，后成汤迁九鼎于商邑，周武王迁之于洛邑。战国时多有诸侯称霸后问鼎的故事，《左传·宣公三年》记定王使王孙满劳楚子，楚子问鼎之大小轻重之事。其回答是：“昔夏之方有德也，远方图物，贡金九牧，铸鼎象物，百物而为之备，使民知神奸，故民入川泽山林，不逢不若，魑魅魍魉，莫能逢之。用能协于上下，以承天休。桀有昏德，鼎迁于商，载祀六百。商纣暴虐，鼎迁于周。德之休明，虽小重也；其奸回皆乱，虽大轻也。”这一回答，虽然有意淡化鼎作为权力象征的重要性和意义，但事实上，受鼎者为王，失国者失鼎，诸侯问鼎实际上意在篡天子之权，青铜重器对于统治者而言，无疑是十分重要的。甚至于到了秦汉时代，九鼎尚牵动人心。汉画中有一“泗水捞鼎”的故事（图3—10），表现的是战国末年秦灭周后，取九鼎，其一不慎落入泗水（今徐州境内）之中，秦始皇使“千人没水求之”，捞到之后“系而行之”（《史记·秦始皇本纪》），但在露出水面时复而落水，再也没有找到。这一故事借九鼎不全暗喻秦朝得不到神灵的庇佑，秦因此很快就灭亡了。

图3—10 汉画“泗水捞鼎”

学者张光直在《青铜时代》中认为：“每一件青铜容器——不论是鼎还是其他器物——都是在每一等级都随着贵族地位而来的象征性的徽章与道具。青铜礼器与兵器是被国王送到他自己的地盘去建立他自己的城邑与政治领域的皇亲国戚所受赐的象征性的礼物的一部分，然后等到地方上的宗族再进一步分枝时，它们又成为沿着贵族线路传递下去的礼物的一部分。”① 对于青铜重器统治者漠不关心，汉武帝即位后，汾阳出土青铜器，公卿大夫将此事与太昊、黄帝、禹铸鼎的传说联系起来，于是“请尊宝鼎”，“见于祖祢，藏于帝廷”，以安江山，青铜器的传续实际上是统治阶级权力的传续。

相传清道光年间出土于陕西周原的毛公鼎（图 3—11），高约 54 厘米，重约 35 公斤。鼎腹内有铭文，记载周宣王策命毛公以治理邦国王室内外事物的重任。全部铭文 32 行，计 499 字，是现存青铜器中铭文最长的一件。铭文首先记述了周宣王的训诰：追述周初文武二王时，君臣相得、政治清平的盛世，对当时不安宁的局势表示不安，以至将治理邦国王室的重任委托给毛公，并授予毛公

图 3—11　毛公鼎
西周晚期，立耳，深腹，蹄足，有重环纹饰，台湾“故宫博物院”藏。

① 张光直：《青铜时代》，22 页，北京，三联书店，1983。

图 3—12　大克鼎

以宣示王命和督促执行的特权。在授权的同时，周宣王不忘告诫毛公治国之道，为确立毛公的权威，赐毛公以大量的礼器命服，为此，毛公作此鼎纪念。类似的青铜器当然不止一件，现藏上海博物馆的大克鼎（图 3—12），亦是作器者克颂扬其祖父师华父谦逊、宁静的美德和辅佐王室的功绩，赞美周王的英明；并有周王授册宣命提拔克为出纳王命的近臣，并给予很多赏赐的记事。青铜器的阶级性功能由此可见一斑。

礼器作为礼制的产物，使用青铜器亦有一定的制度。如用鼎，自商代起即有严格的等级制度。据礼书记载，西周的列鼎制度为：天子用九鼎、诸侯用七鼎、大夫用五鼎、士用三鼎，与鼎相配的还有其他器物，如九鼎配八簋，七鼎配六簋。从现代的考古发掘看，中小型贵族陪葬的青铜鼎为一到二具，王室的陵墓陪葬的青铜鼎从形制到数量都相当可观，安阳殷墟妇好墓陪葬的青铜鼎达三十多具。列鼎制作为礼制规范的一部分，是奴隶主阶级“钟鸣鼎食”的奢侈生活的一种制度保证。

所谓“钟鸣鼎食”，从字面上看，“钟鸣”即作为乐器的青铜编钟的鸣响或演奏，“鼎食”即用青铜鼎一类的青铜器作食具，鼎作食具常用来盛肉，使用的鼎愈多，享用的肉食也愈多，可以说“钟鸣鼎食”是统治阶级的奢靡生活的真实写照。

“钟鸣”之钟，即乐器青铜钟，是三代乐器中的“重器”。钟是古代祭祀或宴享时用槌敲击的乐器，因形制不同，有铙、铎、甬钟、镈钟、钮钟等不同称呼，如成套成组的钟即为“编钟”，在现今发现的先秦贵族墓葬中，常有编钟出土。商代的编钟为3枚一套和5枚一套，西周中晚期为8枚一套，东周时期为9枚～13枚一套。据统计，至今已有50套以上的商周编钟出土。其中，湖北省随州市擂鼓墩曾侯乙墓出土的编钟是我国迄今发现的数量最多、保存最好的一套，共有编钟64件，加上楚惠王赠送的镈，共65件，整个编钟重约两千五百公斤。依大小和音高为序编成8组，悬挂在三层钟架上，钟架为铜木结构，全长10.79米，高2.67米，出土时仍耸立如初（图3—13）。与编钟同置于一室的还有磬、鼓、琴、瑟、笙、箫、笛等乐器，连编钟共114件，金石丝竹、八音俱全。出土时编钟前置一对长丈余的彩绘撞钟棒，钟架上还设置有6个用来演奏的T字形彩绘木槌，仅演奏编钟需5人，加上其他六十多件乐器的演奏，其人员将是一个庞大的乐队。可以想见，如此众多的乐器，一旦陈钟按鼓、笙箫齐鸣，该是如何巨大而惊心动魄的场面！有学者研究认为，其场景和设置就是《左传》中记载的楚国著名的“地室金奏”的模拟和再现。

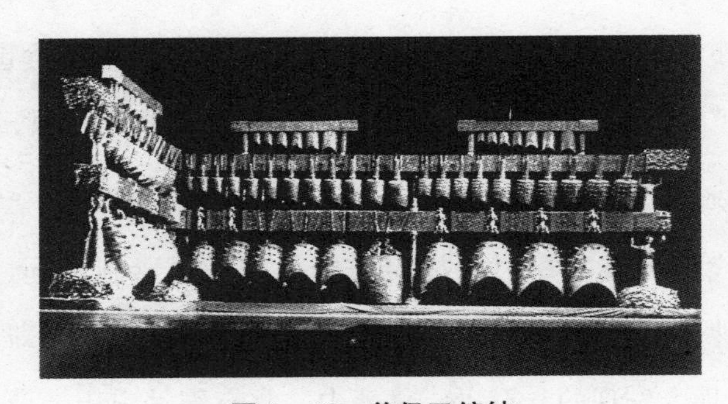

图 3—13 曾侯乙编钟

架长 748 厘米，宽 335 厘米，战国早期，是迄今发现最大的一组编钟，现藏湖北省博物馆。

曾侯乙编钟总音域达五个八度，而且十二个半音俱全，能演奏出完整的五声、六声或七声音阶的多种乐曲。从工艺设计上看，曾侯乙编钟都是由陶范合铸而成的，钟体光洁、纹饰精美，音域宽广，音调准确。这些都与编钟的设计分不开，从设计上看，钟体的轻重、厚薄、乳钉的排列、大小、纹饰和铭文的镌刻都统合在音准的精确细致的设计之中。

在商周时代，青铜鼎是最常见的青铜器皿，有祭祀、燕享、烹煮肉食等多种用途。作为礼器的鼎，不仅有“明尊卑、别上下”的功能，还是重要的食器。根据各种用鼎和列鼎制度，等级愈高，使用的鼎愈多，享用的肉食也愈多。

从造型设计上看，青铜鼎、青铜鬲等饪食器是从新石器时代的陶鼎、陶鬲的基础上发展而来的，其造型和功能都继承了陶器的一些特点。其后逐渐演变，日益增加三代特有的社会内容和形式，形成一定的时代风格。青铜鼎是使用时间最长的食器。现发现最早的青铜鼎是商代早期的，一直到汉代和魏晋时代的生活中都能见到，在这长达两千余年的历史中，青铜鼎从形制到功能都不断发生着变化，种类和样式很多。在商代有圆鼎、鬲鼎、扁足鼎、方鼎等；西周时期，鼎作为礼器的主要组成部分，数量众多，样式除圆鼎、方鼎外，还有异型鼎。即使是圆鼎，与商代的形制也不一样，具有一定的时代风格和特点。

青铜鼎中，圆鼎最为常见，其基本样式是上有双立耳，下有三空足，鼓腹，敛口有唇边，器身有纹饰。图 3—14 为 1979 年陕西淳化出土的西周早期的龙纹五耳鼎，其造型设计与一般圆鼎差异不大，但此鼎庞大、周正、雄伟，高达 122 厘米，口径达 83 厘米，是圆鼎中的佼佼者。从造型上看，与众不同的是在腹部三足的上部增设了三个扳形耳，上饰兽首，并有扉棱。在装饰上，此鼎与同期繁缛的装饰风格不同，龙纹装饰简洁、明快、劲挺，别具一格。

图 3—14　龙纹五耳鼎

通高 122 厘米，西周早期，折唇，上有立耳，耳外饰有龙纹，1979 年陕西淳化史家塬出土，陕西省淳化县文化馆藏。

图 3—15　康侯爵（西周前期）

饮酒器，柱顶饰冏纹，腹饰兽面纹。通高 21.5 厘米。器主为康侯，康侯是周武王弟丰，始封于康，后改封于卫，称卫康叔。

鼎和簋的使用受制于礼制的规定，酒器也不例外。但青铜酒器的品类又往往是最多、造型变化最为丰富的一类。主要的酒器有爵、角、觚、觯、饮壶、杯、家、尊、壶、方彝、觥、罍、瓿、盉、尊缶等二十余种，每一种又有许多不同的类型或造型。如爵，作为最早出现的礼器，早在夏代二里头文化中即开始出现，妇好墓中出土的爵有数种形式共 40 件。爵的一般造型设计为前有流，后有尖锐状尾，中为杯，一侧有扳，下有三足，流与杯口之间有立柱，西周中期立柱开始消失。爵的造型的成熟期是在商代晚期，其特点是流和尾的长度比相近，显得端庄而匀称。商周时期的青铜爵有杯体双柱式、无柱式约二十余种，无柱式的往往有盖，盖前端常作牺首或龙首（图 3—15）。

又如尊，尊作为酒器，其功能主要是作容器，因此一般都比较大。尊有数十种造型，大致可以分为有肩大口尊、觚形尊和鸟兽尊三大类。有肩大口尊有折肩式、圆肩式、宽肩方体式数种造型；觚形尊有粗体式、鼓腹粗体式、方体式等十种样式。造型变化最多的是鸟兽尊，现发现的就有象、犀、牛、羊、虎、猪、驹、怪兽、凤、鸷鸟、凫鸟等 15 种样式，而有的仿生形式又有不同的造型特征，如象尊，有形体高大、鼻上举而不长的；有形体较小、象鼻高举、背盖另有一小象的约 5 种形式。1975 年湖南醴陵狮形山出土一象尊，高 23 厘米，整个造型作装饰化处理，象鼻高举，鼻端因形设计成凤首，并在凤冠上因势伏一虎，鼻体上饰鱼鳞纹，象额上用一对卷曲如角的蛇纹象征角；前背饰龙纹，后背饰数种动物纹饰，前足饰虎纹，后足饰兽面纹。与写实形的象尊造型相比，这种作装饰性造型设计的象尊采用满饰的方法，在整体形象写实的基础上，使所有纹饰都装饰化，因而纹饰和局部处理充满诡异的想象和幻想，既生动传神，又具有一种神秘和威严的力量（图 3—16）。

商代后期的四羊方尊（图 3—17），方口大沿，整个器身由四

图 3—16　象尊

通高 22.8 厘米，商代后期作品，装饰复杂，1975 年湖南醴陵（狮形山）出土，湖南省博物馆藏。

图 3—17　四羊方尊

高 58.3 厘米，商代后期作品，方口，大沿，用分铸法制造，中国历史博物馆藏。

只鼎立的羊组成，形象既写实又具装饰性，设计巧妙、制作工艺精致，羊首、龙头采用分铸工艺作立体圆雕突出在器表外，浮雕、圆雕、线刻多种技法的综合运用，不仅表现了商代青铜器工艺高超的技艺，更增加了方尊的威严与神秘感。

三　青铜器的造型

三代青铜器，是青铜时代文化和文明的物化形态，代表了三代社会物质文化的最高水平，也是当时工艺技术即设计最杰出的成就。统治阶级的思想和意志必须通过造型和装饰才能物化在青铜器上，使其成为统治阶级的工具。张光直曾指出："全世界古代许多地方有青铜时代，但只有中国三代的青铜器在沟通天地上，在支持政治力量上有这种独特的形式。全世界古代文明中，政治、宗教和美术都是分不开的，但只有在中国的三代文明中，这三者的结合是透过了青铜器与动物纹样美术的力量的。"① 即青铜工艺的这种特殊功用是通过其独特的造型和装饰表现出来的。

从设计上看，青铜器从造型到装饰都是三代的工匠艺术家在特定社会政治、观念和审美要求下作出的设计创造和选择。事实上，从原始的初民社会进入阶级社会，统治阶级的特殊的政治需求和生活需求，都对设计提出了迥别于原始社会的要求。

---

① 张光直：《考古学六讲》，132页，北京，文物出版社，1986。

为了适应统治阶级的需要，工匠艺术家们在两个方面表现出了杰出的设计才能，一是在造型设计方面，在承续部分原始陶器造型设计的基础上，创造新的样式，设计新的造型；二是在装饰设计方面，根据特定的社会政治需要，将统治阶级的思想观念通过纹饰的形式表现出来，设计和创造了适合于青铜器皿需要、适合于统治阶级需要的装饰形式。

中国青铜器的造型设计，观其整体可谓静中寓动、方中寓圆，大方周正而气度非凡；敦厚中见挺秀，威严中见谐和，庄重中见灵动，巧饰中见单纯；今天我们仍然能感受到那种来自历史深处的震撼和张力。考其特点，大体有以下几方面：

1. 体量巨大

如前所列举的司母戊鼎、虢季子白盘、牛方尊（图 3—18）等，这类大型作品在礼器中最多。如 1935 年在安阳第 1004 号

图 3—18 牛方尊

长 58.1 厘米，高 34.1 厘米，战国中晚期，全身饰云龙纹，错金银丝，中国历史博物馆藏。

大墓获得的“牛方鼎”和“鹿方鼎”，体高分别为73.2厘米和60.8厘米；妇好墓的468件青铜器中，与司母戊鼎近似的一对大方鼎，通高80.1厘米重128公斤；一对圆鼎通高72.2厘米，重50.5公斤，一件三联甗（图3—19）重达138.2公斤，偶方彝重71公斤。1974年在郑州西郊杜岭发掘出的时代比司母戊鼎早的2件大方鼎，大的一件高100厘米，重86.4公斤，小的亦重达64.25公斤。如此巨大的体量，一方面可说是统治阶级特定需要的产物，另一方面，则反映了当时的工匠艺术家们，宏大的设计气派和伟大的设计表现能力，他们通过一定的体量来表达自己对某种精神观念的追求和向往，来寄托自己的精神和理想。因此，我们看到，几乎是每一件青铜器皿，都勃发着一种昂扬向上的精神，一种泱泱大国所独有的气质。如今，一件

图3—19　妇好三联甗

通高68厘米，长103.7厘米，商后期的炊蒸器。

件闪着寒光的青铜器皿，在向我们诉说其历史与物性时，无不同时展现着一种中华民族独有的伟大精神和品格、一种由无数设计和造物传达和再现出的永恒之美。

2. 器形多样

中国青铜器不仅种类多，而且器形多样，往往一种器皿就有若干种不同的设计和造型。从造型设计上，可以将中国青铜器的造型设计分为三大类：一是几何形类；二是象生形类；三是综合形类。

无论是容器类或非容器类的青铜器，几何形体的造型设计是最基本的设计，也是采用最多的形体。仅容器而言，圆鼎的造型特征为圆形，方鼎的造型特征是方形。圆形有球体形的，椭圆形的，也有圆柱体形的，如壶、尊等；方形的器物还有簠、方盘等。不同的器物可以说都有各自不同的造型，其设计基于一点即其作为容器的功能性，凡容器必须能够容物，因此，自古至今，容器大多设计为圆形，这是因为圆形器物的容量最大，制造和使用亦比较方便。同为贮酒的容器，如尊、卣、爵等，因不同的功能而形成不同的造型；另一方面是不同的使用阶层和不同的使用场合决定和影响着造型与设计。

象生形青铜器皿，主要以动物为造型对象，如牛、猪、马、象、犀、虎、枭、鸟、鱼等，著名的有象尊、枭尊、鸭尊、兽

图 3—20　妇好枭尊（妇好鸮尊）

图 3—21　太保鸟卣

形豆尊、虎尊等。殷墟妇好墓出土的一对青铜枭尊（图 3—20），整个尊形似一只昂头挺胸呈蹲踞状的枭鸟，鸟仅为双足，设计者巧妙地通过鸟尾的下垂作支点，形成三足鼎立之势，不仅全器显得稳重有力，亦充分表现出大鸟的雄壮强悍之气。在青铜器的造型设计中，艺术家们常利用双关互借的手法使形象更丰满和更具怪异神秘意味。这一青铜枭鼎同样采用了双关借用的方法，即在大枭的体后，利用尾部的三角形转折，在尾部和双侧羽翼交合处又别出心裁地设计塑造了一只展翅的小鸟，从侧面看，小鸟又与大鸟的羽翼整合，成为其羽翼的一部分。这种双关借用、因势造型、因势利导的造型和装饰手法及其所形成的独特的图底关系的利用，是中国青铜工艺艺术中最值得重视，亦是最常用的设计手法之一。日本白鹤美术馆藏的“太保鸟卣”（图 3—21）其设计与妇好墓青铜枭尊类似，不同的是鸟形写实，呈蹲坐状，头部有后垂的角，颌下有两胡。以动物为主要对象的象生形设计，在设计中对动物对象的设计与处理因时因地而异，大致可以分为三类：一是写实形的，如陕西省宝鸡市茹家庄出土的象尊（图3—22)，因写实，象的形象憨厚稚拙，一扫那种狰狞可怖的造型特征。西周中期的驹尊（图3—23）以写实的方法作造型设计，设计者选取年轻小驹为象生对象，马驹除腹、钮上饰有冏纹外，无其他纹饰，小马驹昂首站立，竖耳垂尾，体矮颈粗，年轻壮硕，不仅如实地表现了当时马的体格特征，而且通过对小马驹憨厚、率直的形象刻画，表现了一种与时风不同的设计理念和审美追求，此尊虽然作为礼器，但其造型却如此写实、如此与当时繁饰的风格不同，这似乎表明即使是在统一的社会规范中，设计的多样性和可能性还是存在的。二是装饰性的象生设计，这是流行于商周时代、起主导作用的一种设计风格。商周时代大多数的青铜器都是这种设计和装饰风格。如前述的湖南省醴陵狮形山出土的象尊和妇好墓的枭尊亦属于装饰性的象生设计；三是非现实动物的象生设计，其造型类似某些动物但又不是，如妇好墓出土的一对妇好铭圈足觥，全器作鸟兽合体的造型设计，从前面看是一只腾跃的猛虎，从后面看则是一只振翅欲飞的枭。同墓出土的刻有“司母辛”铭文的四足青铜兽觥（图3—24）头似牛但又长有一对羊角，两只前腿长，下生两兽蹄，后两腿短，下生有一对鸟爪，在两腿的上部体侧浮雕一对羽翅，兽背上还伏着一条头生双角的龙，这是自然界没有的怪异之兽，亦是古代工匠艺术家的独特的形象设计之一。

图 3—22　鸟纹象尊

通高 21 厘米，西周中期的容酒器。器作写实性的象形，背上有小方盖，象身饰凤鸟纹和云雷纹，造型生动，纹饰简洁。

图 3—23　驹尊

通高 32.4 厘米。西周中期的容酒器，器作驹形，写实而憨厚。背上设一盖。颈部有铭文九行九十四字，记周王赐驹之事。

图 3—24　司母辛兽觥

高 36 厘米。商代后期的盛酒器。器前部作怪兽形，形似牛首而有羊角，后部作鸷鸟身躯，有展翅，而无鸟首。器上有“司母辛”三字。

综合形的设计，是结合以上两种设计的特点而作的，即在一个器物上能够同时看到象生设计和几何形设计的互融共存。其作品有1981年陕西长安县斗门镇花园村西周墓出土的公盉（图3—25），盉身为四足鬲形，有流，与一般的盉的设计不同的是，设计者将盖设计为一只蹲伏欲飞的大鸟，大鸟冠毛高耸，双目凝视，钩喙上昂，因作盖的功能需要，双翼内收于中心的提耳处，与挺立的头部造型呼应，尾部作上翘状。著名的商代四羊方尊（图3—17），尊体为方形，设计者在尊体的四角各铸一只挺立的羊，并将羊头伸出尊体，羊角大而卷曲角尖又转向前翘，身躯和腿蹄分别在尊腹和尊的圈足上，既与尊体形成一体，又好像四羊对尾分向而立，共同背负着方尊的尊颈和尊口，羊的象生造型和器皿设计巧妙地结合在一起，几乎天衣无缝。整个造型设计伟岸挺拔，线条刚健流畅，有一种勃发的气势和活力。英国不列颠博物馆收藏的一件

图3—25　公盉

通高19厘米。西周中期的盥器，盖作凤鸟形，把手上有铭文五字，记公作宝器。

图 3—26　商代羊尊

高 45 厘米，商代后期，尊吸颈作筒形，英国博物馆藏。

商代羊尊（图 3—26），也有同工之妙，器左右各以羊的前躯结合作造型设计，中间为一扁壶，器颈植于双羊背部，双羊的四足为支柱，这亦是器皿和动物象生设计结合的实例之一。

3. 造型奇特，结构端庄凝重、严谨合理

象生造型的青铜器皿，从造型的角度而言，其本身即是一个雕塑艺术作品，准确地说，是雕塑艺术与工艺、设计艺术结合的产物。在商周时代，青铜工艺的设计和铸造都是具有一定政治意义、社会意义的重要事件，它不仅集中和代表了当时社会物质文化及其技术水平的发展成就，而且集中了当时最好的工匠艺术家来从事这一工作，其艺术必定是那一时代艺术的典型代表。事实上，不仅那些象生形的青铜器皿是雕塑艺术的杰作，那些非象生形的青铜器皿也是杰出的雕塑艺术品，其奇特而充满神秘感的造型设计，亦令人叹为观止。如作为酒器的青铜卣，在保证一定的贮酒功能之外，工匠艺术家们设计出了各种不同的造型，来满足不同层次的需要。传 1927 年出土于陕西宝鸡戴家湾现藏美国波士顿美术馆的鸟纹卣（图3—27），是一件造型设计极为奇特的作品，卣之提梁比一般的要宽厚，两端饰有龙首，梁面上还饰有小牛首，横跨于卣口之上。盖以夔纹为边，上饰四道扉棱。器身亦有四道扉棱，令人意想不到的是在腹上部设计了四只突起的长角，使整个造型别出心裁，神异诡谲。

商代后期的“虎食人卣”（图3—28），也是一件造型奇异的作品。设计师将卣设计成一只踞坐着的虎与人相拥的形状，虎口大开，人面对着虎，双手搂抱虎胸，双足蹬踏在虎的后爪上，由于相拥，人头正好处于虎口处，犹如噬食状，但从表情来看，人神态安宁不作挣扎恐怖状，其主旨似乎不是表现猛虎食人，而

图3—27　鸟纹卣

通高35.7厘米，西周早期，有提梁及盖，圈足，美国波士顿美术馆藏。

图3—28　虎食人卣

通32.5厘米，商代后期，湖南安化出土，日本泉屋博古馆藏。

是表现的两者的共存互融。有学者认为虎食人卣之人，非一般之人，而是具有通天通神法力的巫师，“他与他所熟用的动物在一起，动物张开大口，嘘气成风，帮助巫师上宾于天”①。这里，虎成为巫师通天的助手和工具。卣是祭祀时使用的盛酒的器具，巫师作法时要狂饮美酒，以进入祭祀状态，因此，作为酒器的卣，成为其通天的法器，从而具有了神秘性。设计者正是基于这种特殊的使用场合和要求而进行设计的，似乎只有用这种奇特诡谲的形象组合，才具有法器所需要的魔力。从这一点看，兽面纹等装饰的运用和设计其出发点也可能是如此。

图 3—29　莲鹤方壶

通高 118 厘米，口长 30.5 厘米，春秋中期，1923 年河南新郑李家楼出土，原为一对，现故宫博物院藏。

造型设计奇特、铸造技术卓越的莲鹤方壶是春秋时期的重要作品（图 3—29），也是青铜时代的杰作之一。壶高 122 厘米，宽 54 厘米。壶是一种有盖长颈的容酒器，在三代既是礼器又是日用器皿，春秋时期，青铜壶的使用广泛，种类多，但像莲鹤方壶这种造型的实用器皿很少见，其独特的

① 张光直：《中国青铜时代》，333 页。

设计风格被历史学家们视为新时代的象征。

中国青铜器的造型设计是十分丰富多样的，不仅有时代风格，亦有地区的不同面貌。如楚文化中的青铜器，其造型设计即有着浓郁的楚文化内涵。1978年河南淅川出土的“王子午鼎”（图3—30），束腰平底，鼎立耳外撇，与中原文化的青铜鼎直立耳造型不同，全器造型敦厚又具有一种蓬勃向上的精神气质。

图3—30　王子午鼎

通高67厘米，春秋中期，鼎立耳外撇，束腰平底，蹄足，1978年河南淅川下寺出土，河南省文物研究所藏。

“三足鼎立”是中国文字中对一个稳定结构的描述和赞扬，此语本是对中国青铜鼎的一种如实描述，借用青铜鼎的稳定、坚实、可信及其岿然不动的品格来比喻人事，从这种比喻中，我们溯源可以看到它的本意——中国青铜器皿设计的典型特征之一：结构稳定端庄、造型大方凝重。几乎每一件青铜器皿都具有这一特征。这是中国青铜器共同的特征，即无论是大型器物还是小件器皿，都具有那种端庄凝重、岿然不动、毅然“鼎立”的结构和气度。从迄今发现最早的青铜器皿之一的二里头文化“爵”（图 3—31）到春秋战国时期“莲鹤方壶”乃至汉代的青铜器，其造型设计几乎自始至终贯注着、物化着这种追求大方、端庄凝重的意念和努力，并折射出那一时代特有的自信的力量和美学精神的追求。

图 3—31　乳钉纹爵

高 22.5 厘米。二里头文化期的饮酒器，长流尖尾，在流折处有两个钉形短柱。是中国出土最早的青铜器之一。

商周时期的师趛鼎（图 3—32），器高 50.8 厘米，从造型设计上看，它是鬲和鼎的结合，又可以称作“鬲鼎”。三只粗壮有力袋足，结构成巨大的鼎体，挺拔的双耳形成一种向上的力，整个器物造型大方，敦厚端庄，犹如泰山般巍然屹立；圆满而充满张力的曲线，又富于变化，虽因器身庞大而鼎足并不高，但仍然给人一种昂扬向上、威风凛凛的气势。

图 3—32　师趛鼎

高 50.8 厘米，西周中期，方唇，附耳，袋足，故宫博物院藏。

中国青铜器造型艺术的这种磅礴气势和敦厚端庄的风格特征，至今仍给予人们以巨大的启示和震撼。它无疑是民族精神和气质的反映和表现。雕塑家王朝闻在创作雕塑《刘胡兰》时，曾在商周青铜"爵"的造型设计中得到了表现英雄人物不屈不挠、视死如归的大无畏精神的艺术形式的灵感（图 3—33），可以说是青铜器艺术中所具有的那种精神、气质深深吸引和感染了艺

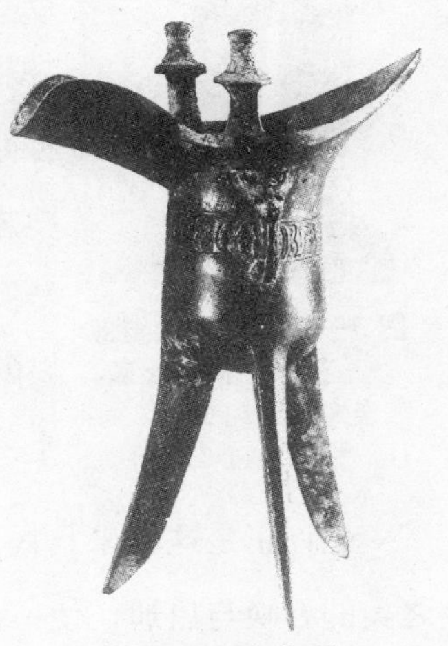

图 3—33　伯丰爵

高 22.2 厘米，西周早期典型爵，1965 年河南洛阳北窑机瓦厂出土，洛阳市文物工作队藏。

术家并影响着他的创作。王家树教授在分析商代青铜爵时曾感叹道："这一优秀的青铜工艺形象，它那形体比例的适中、直线和曲线的巧妙结合、造型和装饰的简练素朴，难道不是给人一种高耸向上而又沉稳有力的美感享受吗？"① 王家树先生在"宇宙的过去与未来"的国际学术会议上评述这一青铜爵时进一步指出，此爵的造型具有极高的艺术设计学意义。有一定容量的圆斗状爵体与叉开的三足，比例适度、互为整体，生成着一种向上而高耸的生命感；爵流、爵尾以及扳与柱，不仅显露各自的功能性，而且与爵体、三足共同构成"拟神"的体量和宏伟的视觉效果。正是这种挺拔、刚健、端庄、大方的气势，使雕塑艺术家找到了从形到神的同构，刘胡兰塑像（图3—34）所传达出的挺拔、无所畏惧的英雄气概与青铜爵所具有的内在气韵是一致的，它是我们民族精神的集中体现。

图3—34 刘胡兰塑像

著名美术理论家，雕塑家王朝闻创作，高110厘米，作于1951年。

也许正是这种来自民族文化历史的深处、来自庄严与崇高之美的召唤与启迪，使一代代艺术家们在中国青铜艺术之光的

① 王家树：《中国工艺美术史》，83页。

照耀下，攀登上一个个艺术的高峰的。20世纪80年代日本著名画家东山魁夷在中国北京劳动人民文化宫举办的展览中，亦曾宣称自己创作的作品中有的是受到中国青铜器艺术的启迪。在其创作表现日本自然风景的作品中，那苍茫浑厚的山林景色和绿色葱葱、青色如黛沁人心脾色调，那苍茫深厚、浑如天成又具历史感的画面氛围，使人明晰地看到了中国青铜艺术之光的折射（图3—35）。法国著名画家赵无极，祖籍在中国，他在谈到自己的艺术成功之道时认为，他的艺术的源泉来自两方面，一是西方艺术的影响，一是中国艺术的养育，尤其是中国青铜器博大与深厚的内涵和精神及其威严而充满神秘之美感的形式，给予了他重要的启发和创作的动力（图3—36）。

图3—35 《道》

日本著名画家东山魁夷1950年所作的日本画。

图3—36 《3—12—74》

中国留法艺术家赵无极的作品，用色彩表现了一个抽象的世界，他的艺术灵感，有许多来自中国传统艺术。

4. 功用性强

物的功能是设计所要考虑的首要因素。青铜器皿的设计，虽然有各种社会政治、阶级利益、思想观念的预设和制约，但设计师们仍能创造性地发挥自己的才能，设计出符合社会需要的作品来。青铜器因不同的需要产生了众多的品类，这些品类不同造型的产生所依据的主要是各自的功能。如青铜簋，大多数簋都有一个与簋身相连的器座，从现在的眼光看，这个器座是没有必要的，但当我们设想一下当时的生活方式是席地而坐，就能理解工匠艺术家们设计这一器座的原因了。青铜豆（一种高足盘）的高足、一些器物的圈足的设计都是基于这种考虑，这是物性所然。

图 3—37 天觚

而相同的功能又需要众多不同的造型。这里实际上是设计施展才能的天地。我们知道春秋战国时期的孔子，曾对当时礼制崩溃、一切混乱无序的状况发出了“觚不觚”的叹惜，觚是一种饮酒器，一般的造型是呈喇叭形（图 3—37），觚在青铜时代的存在时间不长，变化并也不大，有趣的是，早在商代早期，就出现了一种“顶流觚”（图3—38），与当时的一般设计不同的是在喇叭口上加了半封顶的流，从功能上来看，这种加流的设计更便于饮用，但从存世的情况看，此器仅一例，也许这种有流的觚在使用时不太符合礼制规范，而没有普及。

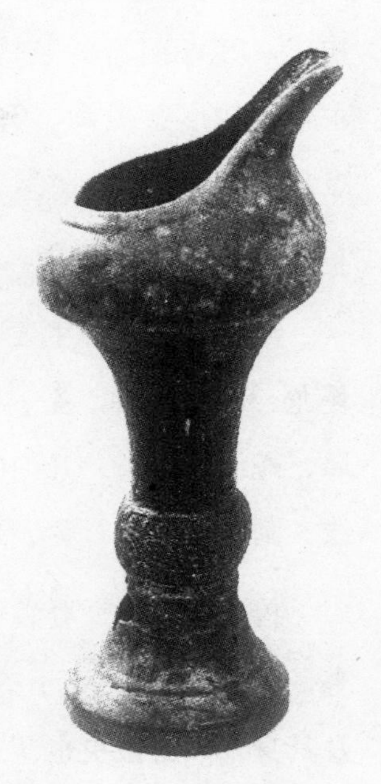
图3—38　顶流觚

在设计学中，所谓的功能既包括实用功能，又包括社会功能、审美功能等其他的功能在内。青铜时代的青铜艺术其社会功能主要是作为礼制的工具——礼器的功能往往是首位的，这是其造型设计的基点。那庄严、沉重、狰狞的造型与装饰设计的产生，无不打上了时代的烙印，成为那一时代文化的信物。

四　青铜器的装饰

从青铜工艺装饰设计的角度来看，青铜装饰是继彩陶装饰设计之后的又一杰出设计。

青铜器研究的一些学者曾将商周时代青铜器的装饰风格分为三种类型，即所谓的古典式、中周式与淮式，郭沫若先生称之为古典期、退化期与中兴期。古典式时期在商代后期至西周初年，其青铜器的装饰纹样中，动物种类繁多，以饕餮纹为主，动物形象生动、有力而威严，充满张力。装饰设计的特点是：

1. 题材广泛丰富，具有三代的特点

从题材上看，主要有两类：（1）动物纹样：饕餮（兽面）、夔龙、夔凤、蝉、蚕、象、鱼、鸟、兔、虎、鹿、龟、牛、枭、犀、蛇纹等；（2）几何纹样：回纹（云雷纹）、织物、乳钉、直线、圆圈、环带（盘云）、窃曲、重环、鳞、瓦纹等。

兽面纹原称“饕餮纹”，其名是后人引古人所谓“饕餮”而来，《吕氏春秋》云：“周鼎著饕餮，有首无身，食人未咽，害及其身，以言报更也。”兽面纹是商代青铜器装饰的主题。其特征是一个正面的兽头，以鼻梁为中轴线，两侧对称展开双角、双眉和双目，鼻梁下是翻卷的鼻头和张开的巨口。早期的兽面纹有头无身，如二里头文化时期陶盉和绿松石兽面青铜饰牌上的兽面纹，独立的兽面纹形成后，在两侧逐渐增加了躯干，尾部卷曲上扬，还有腿和足，看起来好像是双身共一个头。从纹样的构成和先秦时期艺术样式的共性来看，这种表现方法是建基于人的视觉感受的特性上的，即只有在两侧各表现一个身躯，在视觉形式和人的感觉及观念中这才是一个完整、立体的真实形象（图 3—39）。

图 3—39 兽面纹

商代后期和西周早期青铜器鼎盛期的兽面纹流行样式。

兽面纹从早期的有首无身，到对称而完整的形象（身躯与头部密切结合的形象）的形成，进而到后来身躯的萎缩及头与身躯的分离，体现和说明了在某一观念确立之后，视觉形式会逐渐简化，而视觉形式本身的意义不变，即虽然兽面纹日益简化了（图 3—40），但作为观念的符号所包含的意义并没有减弱。

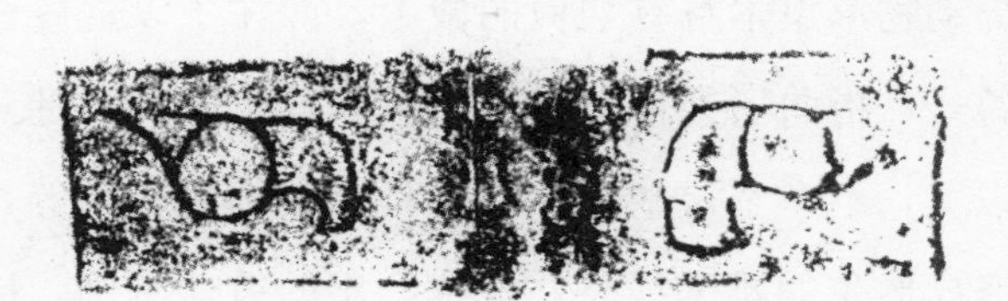

图 3—40 兽面纹的早期和晚期样式

兽面纹是古代工匠艺术家独特的设计和创造，其怪异狰狞的形象是自然界所没有的。有学者指出："饕餮、龙、凤都是古代艺术家对各种动物形象的艺术概括和表现。这些动物都是与当时人们的生活、思想、信仰、审美有着明显的或曲折的联系。而这种艺术表现，又是经过作者观察、综合、变化，加以充分的想象而构筑成的。"①

兽面纹的原型主要来自牛一类的动物。作为青铜器的装饰主题，形式受自于内容的制约，也因内容而具有独特和深刻性。与天真、生动、活泼的彩陶纹饰相比，青铜器纹饰是变形的、幻想的、威严的、观念性的，它们呈现在人面前的是一种近乎神圣的和狰狞的美。它们之所以具有威吓神秘的力量，不在于这些怪异动物形象本身有如何的威力，而在于以这些怪异形象为象征符号，指向了某种似乎是超世间的权威神力的观念；它们之所以美，不在于这些形象如何具有装饰风味等等，而在于以这些怪异形象的雄健线条，深沉凸出的铸造刻饰，恰到好处地体现了一种无限的、原始的、还不能用概念语言来表达的原始宗教的情感、观念和理想，配上那沉着、坚实、稳定的器物造型，极为成功地反映了"有虔秉钺，如火烈烈"进入文明时代所必经的那个血与火的野蛮年代。②

---

① 王家树：《中国工艺美术史》，72页。

② 参见李泽厚：《美的历程》，37页。

作为青铜器装饰的形态之一的铭文即所谓的“金文”、“钟鼎文”，也具有特殊的历史文化价值和艺术价值。青铜器铭文始于商代早期，经过商代晚期的“简铭期”，西周的“长铭期”，到战国晚期衰落，经过了千余年的发展变化。早期铭文一般只有一到二字，直到殷末，尚没有超过五十字的，西周是有长铭的青铜器集中出现期，数十字上百字的有几十件之多，如 291 字的大盂鼎，284 字的史墙盘，206 字的禹鼎，290 字的大克鼎，如上所述，铭文最长的是现存台湾的“毛公鼎”，有铭文 499 字。殷商铭文除单一的族徽字外，常常是表现祭祀祖先的内容。西周铭文内容亦丰富，有祭祀、策命与赏赐、征伐与战争、德治、训诰、礼仪等，具有很高的史料价值，可以补充和印证古史，校证古书。如史墙盘，铭文首先追颂周初文、武、成、康、昭、穆各王的历史功绩，不仅印证和补充了历史文献之不足，亦冰释了一些历史学家的有关论争。

钟鼎文字是一种装饰性、设计性很强的文字。作为器物装饰的一部分，铭文尤其是长篇铭文的镌刻及其所在部位的设置都对设计提出了很高的要求。能工巧匠们一般将长篇铭文设计于鼎、盘、盂的内底上，这是因为其底宽大，亦便于观看和阅读。有千余年历史的“金文”，是三代工匠艺术家创造出来的“美术字”，商代的金文，字体雄健有力，笔画首尾呈尖状、中间较粗，被称为“波磔体”。如司母戊大方

图 3—41　金文

金文为青铜器上的铭文，一般是在制模时刻制于模范上，铸器时一并铸出。

鼎、司母辛方鼎，其书体雄健劲挺，笔势豪放恣肆，有一种阳刚之美。周代的金文字体清秀柔美，潇洒自如。如“虢季子白盘”，字体圆润灵秀，柔美而又不乏张力，可以说金文是中国书法史上永具魅力的瑰宝（图 3—41）。

2. 装饰构成独特，别具匠心

青铜器装饰的构成方式与造型相适应，如前所述，是因势设形、因形布置。总起来，可以归结为四方面：

（1）适合的装饰构成形式，其图案构成往往是独幅的形式。依据造型的结构和可能，从上、下、左、右分割成相应的装饰区域，这些装饰区域既是相对独立的纹饰单位，又是整个作品装饰的一部分。其分割的界限往往是器物上的扉棱，这种突起的棱脊成为纹饰构成的中心和分割线，兽面、夔龙、夔凤等装饰纹样对称地布置在左右（图 3—42）。这种构成方式是商代及西周早期青铜器装饰的主要方式，具有稳定、庄重、对称、整齐、

图 3—42 凤鸟纹

中间为棱脊，成为分割线，形成对鸟、对兽等对称的结构。

严谨等的装饰效果。

（2）带式组织构成形式，即图案构成中的二方连续组织，这种纹饰组织最早出现在原始彩陶装饰中，其图案一般都作带状环绕在器体的口、腹、足部。青铜器的带状装饰有许多形式，有的作波状连续，如环带纹（图 3—43）；有的是单位纹的重复连续排列，如窃曲纹、重环纹等。这类纹饰是主体纹饰的补充形式，有统一、调适、活泼、变化、总结、约束等作用。

图 3—43 环带纹

大克鼎上的主体纹饰，这是兽体变形纹饰的一种，具有一定的象征性和抽象符号性。

(3) 织物纹组织构成形式，即四方连续纹饰的组织形式。这种纹饰组织一般用作地纹，也有的是作为主体纹饰设计的，如殷墟出土的“勾连回纹罍”、“方格乳丁纹簋”等。这种纹饰的产生与大量运用，与当时流行的织物、服饰有关。

(4) 垂叶式排列组织构成形式，器皿的口颈部和足部等弯曲部位的装饰是比较难以处理的，因为随着器形的变化，所装饰的纹饰也容易发生变化，也不容易绘制。从原始彩陶的装饰艺术设计中，这一难题就解决了，人们采用三角形、回纹形等纹饰来适应装饰部位的变化。在青铜器装饰中，工匠艺术家们又设计了一种垂叶式的结构和纹饰来适应青铜器造型设计的需要。垂叶式（又称蕉叶式）的单位纹饰往往是由一个拉长了的兽面或变了形的夔龙、蝉、回纹等组成。单位的排列根据需要有多有少、有长有短、有疏有密，方向亦可作向上和向下的变化，单位纹饰有的圆如叶状，有的尖如三角，设计的依据是器形的变化。设计的规律是：觚、爵、角、尊、觯等的口部造型侈曲度大，使用垂叶式纹饰，其垂叶单位总是向上的；下腹部和鼎的柱形足下部、楔形锛的腰部的垂叶式纹饰其单位总是向下的；从安阳武官村大墓出土的殷商楔形铜锛腰部装饰的垂叶式图案组织来看，其不仅体现装饰与造型相适应的原则，起到美化的功能，更重要的是这种作为工具的装饰，首先考虑到了使用的要求，其图案的结构正好符合这一要求。①

上述纹饰构成形式，在设计时大多数是综合运用的，其组合和变化也是灵活的。

3. 装饰手法多样

密布青铜器表面的装饰，仔细看从粗到细，从上到下，有的有好几层。在商代晚期和西周早期的青铜器发展的盛期中，青铜器装饰往往除主体纹饰外，还有地纹等，形成一种组合，主体纹饰一般作浮雕形式，在浮雕上还有线刻；地纹以几何纹饰为主，在主体纹饰与地纹之间有的还有一些次要纹饰。就装饰手法而言，有浮雕、立雕、线刻、镂空、镶嵌等，浮雕、立雕、线刻和镂空大多是用铸造的方法形成的；而镶嵌则是在铸造以后的再加工。镶嵌的材料有红铜、金银、玉石等。这种金属镶嵌技术主要流行于战国时代。著名的器物有“宴乐狩猎水陆攻战纹壶”（图3—44）、镶嵌云纹壶、错金银豆等。镶嵌时将纹饰处铲去1毫米左右深，然后锤入需镶嵌的材料，并进行打磨修整。

青铜器尤其是青铜礼器总给人一种威严凝重的感觉，其装饰大都是模铸成型的多层次浮雕。这种延续了上千年的装饰方法在春秋战国时期为新出现的多种装饰手法所代替，如采用平面

① 参见王家树：《中国工艺美术史》，75页。

图 3—44　水陆攻战纹壶（装饰展开图）

模印、刻纹、错金银、铸嵌、填漆、漆绘等，其中风格最为华丽、高贵的是错金银工艺或称为“金银错”（图 3—45），这是在传统青铜镶嵌技术的基础上发展起来的新的装饰方法，其工艺方法是在青铜器表面上依图案纹样凿刻浅槽，然后嵌入金银丝，经捶打后用错石错平。这种装饰方法一改传统青铜器单纯的色泽，而呈现华丽辉煌的色泽效果，装饰之美的存在打破了青铜器威严、神秘的宗教感，似乎使青铜器具有了某种人性和亲近感。

图 3—45　嵌金银卷云四瓣纹鼎

高 11.4 厘米，战国中晚期，鼎体扁球形，1981 年河南洛阳小屯出土洛阳市文物工作队藏。

4. 装饰风格严谨统一

在众多的青铜制品中，人们总能一眼就辨识出哪些是中国三代的，这是因为中国夏商周三代的青铜器从造型到装饰其风格是明晰、严整、统一的。从装饰风格上看，其风格可以归结为两类：一是“满饰”，即整个器物布满纹饰，其纹饰以兽面、夔龙、夔凤以及几何纹饰为主，形成一种程式化、定型化的装饰范式。青铜器发展鼎盛时期的商代中晚期和西周早期的青铜器装饰，以及战国乃至秦汉的镶嵌和金银错作品基本上都是这种风格。这也是著名美学家宗白华所说的“雕绘满眼”之饰，他认为中国古代有两种美感或美的理想表现在诗歌、绘画、工艺美术等各个方面，这两种美即错彩镂金的美和芙蓉出水的美，“从三代铜器那种整齐严肃、雕工细密的图案，我们可以推知先秦诸子所处的艺术环境是一个镂金错彩、雕绘满眼的世界”①。满饰之美为三代统治阶级所崇尚，亦是三代青铜器装饰艺术的主体风格。二是“素器”之饰，素器即很少纹饰的青铜器，这类器物在三代时极为少见，战国以后尤其是汉代，青铜器的礼器性质淡化，其设计和装饰逐渐以实用为主。这种简洁的装饰风格所形成的美即所谓“芙蓉出水之美”，是“饰极返素”之美。

中国的青铜工艺是中华民族文化和艺术的产物。从重达 875 公斤的巨鼎“司母戊”鼎、长达 130 厘米的巨盘“虢季子白盘”，到精致的青铜刀剑、佩饰，无一不凝聚着民族的智慧，积淀着民族的精神和理想。至今我们仍然能感受到那种来自历史深处的震撼和张力。

① 宗白华：《艺境》，325 页，北京，北京大学出版社，1987。

第二节　髹漆制器

一　从髹涂到漆绘蚌饰

漆器以天然生漆为主要材料，生漆是漆树的汁液经除去杂质后的天然树脂涂料，民间又称“大漆”。漆树是一种落叶乔木，在我国分布很广，陕西、河南、安徽、浙江、湖南、湖北、贵州、四川、广东、广西等地都栽种有大量漆树。每年 4 月到 8 月漆树生长的旺季中，人们在漆树干上“割漆”，这种自然漆液干燥后能形成一层褐色的有光泽的膜，具有防潮防蛀、耐磨耐热、耐腐蚀的特性，是我国传统的工艺材料。生漆是我国的特产之一，我们的祖先在远古时代就已经开始发现和利用生漆，其过程首先是通过发现漆树树汁的涩黏性能，从这一对漆树树脂功能的初步认识出发到发明涂饰工艺、设计和创造出漆器，其间不知经过了多少岁月和努力。设计与造物的智慧和能力就是这样一步步走过来的。

关于漆的文献记载，较早见于《尚书》。《尚书·禹贡》谓：大禹平定九州后，各州以特产来贡，其中豫州的贡品中就有漆；作为先秦哲人的庄子亦曾做过管理漆树园的官叫“漆园吏”，可见在庄子时代中国已经有了漆树的人工栽培。漆器作为生活用器，对人的生活有很大的影响，甚至影响到治国的方略。《韩非子·十过》中曾记载秦穆公问聘于秦国的由余“得国失国何常以”时，由余认为关键在于“俭其道”，他从尧得天下后仍用土陶器吃饭，而禹舜接班后，不用土陶器吃饭了，而是“作为食器，斩山木而财之，削锯修其迹，流漆墨其上，输之于宫以为食器。诸侯以为益侈，国之不服者十三”。即用漆器取代陶器，当漆器进一步装饰以至“墨染其外，朱画其内”时，不服者已有三十三了。由于把饭碗从陶器到漆器的转变看作是一种能导致亡国的奢侈行为，正告统治者要行节俭之道。从这一记载中亦可见当时的漆器已经有单色和外黑内红两色的区别。

考古发现的漆器不仅证实了文献记载的正确，而且其历史远比文献记载的要早得多。1955 年考古工作者在江苏吴江团结村良渚文化（公元前 3300—前 2200 年）遗址中发现漆彩绘陶杯；1959 年又在吴江梅堰的遗址中发现棕地红黄两色彩绘黑陶壶，经化学分析，所用彩绘漆料与汉代的漆料相同。1973 年在江苏常州圩墩下层的马家浜文化（距今约六千年）遗址中发现一涂饰黑红两色的喇叭形器，涂料微有光泽，看上去与现今的漆没有区别。同样的发现不仅限于江苏一地，1977 年中国科学院考古研究所在辽宁敖汉旗大甸子墓葬中发现两件觚形的薄胎朱色漆器，色泽鲜艳，经测定距今约三千五百年；在山西襄汾陶寺墓葬中发现一批彩绘木器，经辨认有鼓、豆、案等器物，陶寺正处在“夏墟”的范围之内，其年代距今约四千年。

最令人鼓舞的发现是 1978 年在浙江余姚河姆渡的新石器时代遗址第三文化层中清理出一件朱漆木碗（图 3—46），经科学测定，确认所用涂料是生漆，其红色是人工调配的矿物质，这是迄今为止我国发现的最早的漆器。1987 年 5 月，在浙江余杭瑶山又发现了属于良渚文化的一件嵌玉高柄朱漆杯，这是漆器工艺与玉器工艺结合的第一件作品。这些发现不仅说明了中国是漆的故乡，漆器是中华民族智慧的结晶和首创，是我们民族对人类文明的杰出贡献之一，同时也向我们提出了需要进一步研究的问题。距今 7 000 年的河姆渡漆器所用漆已是有颜色的色漆，那么，在这之前一定还有一个使用自然漆即无色天然漆的时期，这也许是更为久远的事了。

图 3—46　朱漆木碗

高 5.7 厘米，木质，圈足，是我国至今发现的最早的漆器之一，浙江省博物馆藏。

进入三代后，漆工艺以其独有的功能和魅力而占有一定的地位。就现有考古发掘的资料看，三代漆器主要的遗物是两类，一是棺椁髹饰；一是器皿。棺椁髹饰是三代贵族阶级的特权所致，现发现在早于殷墟的湖北黄陂盘龙城遗址、安阳侯家庄商王大墓、安阳小屯 17 号墓等棺椁都有精美的髹饰。这些棺椁在髹饰前大都进行过雕花加工，所出残片有精细的雕花装饰。湖北黄陂盘龙城遗址曾从墓葬中清理出十多块椁板板灰，一面有精细雕花，一面涂朱色漆，雕花纹饰为兽面纹和雷纹，出土时色彩十分艳丽。安阳侯家庄商王大墓、安阳小屯 17 号墓等棺椁都有类似的雕花和髹饰。

在木棺上进行雕刻花纹后再行髹漆，这种装饰方法和对装饰之美、之富丽的追求表明人们已经不满足于一般髹漆后的装饰形态，而是希望取得更进一步的装饰效果，正是这种不息的追求和内在的动力所在，导致了漆绘艺术的产生。河南光山宝相寺黄君孟夫妇墓属春秋早期，主棺通体髹黑漆，边缘朱绘装饰纹样，红黑相间，显得庄重大方。虽然这时的漆绘仅黑红两种色彩，但其存在的意义是十分显著的，它无疑是以后多种彩绘的先声。

在器皿方面，这时的造型设计与青铜器相似，所不同的是，漆器器皿有着独特的光泽和色彩，除红黑两色的髹涂外，还创造性地产生了镶嵌蚌泡、绿松石甚至金片的工艺技术。工匠们利用漆的湿黏性特点，将贵重的装饰材料贴附或镶嵌在漆器上，以形成更富丽的装饰效果。河北藁城台西村遗址曾发现在一件漆盒的朽痕中，镶嵌有半圆形金饰薄片，正面阴刻云雷纹。在其他的漆器残片上还有经过仔细琢磨的方、圆、三角形的绿松石。在器物上采用镶嵌工艺装饰其他材料，这在青铜器等工艺品类中并不罕见，不过只是作为附饰，而出现在漆器装饰上则导致着后代一种新的漆工艺品类——百宝嵌的诞生。

周代的漆器镶嵌，有许多是采用蚌泡为装饰材料的，20世纪80年代初北京琉璃河燕国墓地121号墓出土豆、觚、壶、簋、杯、盘、俎等多种木胎漆器，其中采用蚌泡镶嵌的漆器，工艺精致，蚌片磨制光滑平整，边缘整齐，衔接密切。如豆盘上用蚌片和蚌泡镶嵌，与上下的朱色弦纹组成装饰带，豆柄则用蚌片镶嵌出眉、目、鼻等部位，与朱漆纹样组合成兽面纹样。一件喇叭形的觚，其装饰除了由浅浮雕的三条变形夔龙组成的纹饰外，上下还贴有金箔三圈，并用绿松石镶嵌。漆罍的装饰设计更为复杂，除在朱漆地上绘出褐色的云雷纹、弦纹外，器盖上还用细小的蚌片镶嵌出圆涡纹图案，颈、肩、腹部也用很多加工成一定形状的蚌片，镶嵌出凤鸟、圆涡和兽面的图案。工匠艺术家们还在盖和器身上附加有牛形饰件，器身中部设计有鸟头形把手，这些牛形饰件和鸟头形把手上也用蚌片镶嵌，使动物形象更为醒目。

天然漆的湿黏性特征，为各种造型设计提供了条件，工匠艺术家们利用这些条件创造性地进行造物和设计，其作品有着极高的艺术价值和成就，有些设计至今尚没有能够作出明确的解释，如 1980 年河南罗山天湖商代晚期墓出土了 10 件漆器，其中有一件车镟木胎漆碗，这是已知最早的一件车镟木胎漆器；这碗与河姆渡漆碗粗厚的造型和加工工艺不同，显得极为精巧。引人注目的还有一件木柲残件，其手握部位有隐起的方格雷纹，类似后代的堆漆（图 3—47）。

图 3—47　缠丝线黑漆木柲（残）

直径约 2.9 厘米，河南省罗山县天湖商代 12 号墓出土，河南省信阳地区文管会藏。

中国漆器艺术还有一个显著特点，这就是它的色彩特征。从河姆渡的朱色漆碗开始，至今始终以红黑两色为基本的和主体的色调，虽然色彩日益增多，但其基本色调始终不变，描绘纹样一般是在黑色底上绘朱色，或朱色底上绘黑色。红色主要是用矿物质朱砂调制，色相鲜亮、饱和强烈，黑色则显得博大深厚而庄重稳健，这两色的组合成为我们民族色彩的一个特色和风格。这两种色彩的选择和运用，有各方面的原因，首先是客观因素的作用，天然漆呈透明状，可以调配许多色彩，而红黑两色在早期是最容易制取的色彩，红色来自矿物质朱砂，黑色来自燃烧的灰烬烟粉；在长期的色彩选择和运用中，起主导和决定作用的是社会观念和审美意识。漆器工艺中对红黑两色的选择，与其说是来自客观因素，不如说是来自主观因素更准确。红黑两色成为我们民族的代表色，它实际上是我们民族色彩观的体现，是我们民族精神和个性的反映。早在远古时代，先民们即崇尚红黑两色，红色象征吉祥、喜庆、康健；黑色象征广博、深厚、稳健，这都是我们民族的性格。

二　五百年鼎盛：楚汉漆器

中国漆工艺自战国开始进入了一个蓬勃发展长达五百余年的鼎盛时期，这也是从青铜工艺文化向陶瓷工艺文化转变的过渡时期，这一转变，为漆工艺的全面成熟提供了契机，使其成为青铜艺术之后、陶瓷艺术全面发展以前的一个具有时代意义的工艺文化品类。

在战国时代，地处长江中下游的楚国因其得天独厚的自然条件，漆工艺十分发达，秦汉统一以后，带来了文化的统一与趋同，在漆工艺方面，战国楚工艺的优秀传统为秦汉统一后的其他地区所接受和融合，即使在原先的楚地如江陵（今荆州市）

等地，漆工艺设计也因各种漆工艺设计的交流而得以改变，具备了秦汉时代的统一色彩。

图 3—48　彩绘木雕鸭形豆
高 25.5 厘米，战国早期作品，设计巧妙而有生气。

20 世纪以来考古发现的楚汉贵族墓葬一般都有相当数量的漆器出土，战国漆器大多出自楚墓，湖北江陵曾是楚国都城（郢都），仅在江陵雨台山一地，1973 年至 1976 年间发掘的数百座楚墓中，就出土漆器九百余件，二十多个种类。耳杯、圆盒、豆、镇墓兽等器物纹饰精美，造型设计巧妙。如首次发现的彩绘木雕鸭形豆（图 3—48），豆盖与盘合雕成一只蜷伏的鸭子，在黑色底漆上用红、金、黄等色描绘毛羽。1965 年在原楚国郢都纪南城西北发掘的望山一号、二号战国中期的大型墓，仅一号墓就出土漆器一百余件，其中一件透雕彩绘漆屏曾引起轰动，座屏高 13 厘米，长约 50 厘米，透雕凤、鸟、鹿、蛙、蛇等动物形象 51 个，互相交错穿插，构成对称而又生动活泼的画面，尤其是作为主体纹饰的飞鸟和鹿的造型设计使整个座屏充满动感。1987 年发掘的湖北荆门包山大墓，内棺出土时漆彩如新，绘饰水平很高。同墓的一件漆奁，以线描和平涂的方法在器盖壁上绘饰了一幅出行图，画面共绘26人和车马四乘，并以迎风的柳树和飞翔的鸿雁作衬托，是一幅具有时代风格的风俗画（图3—49）。

图3—49　彩绘出行图夹纻胎漆奁

直径28厘米，高10.4厘米，战国晚期作品，湖北省荆门市包山二号楚墓出土，湖北省博物馆藏。

汉代漆器从产量、质量到制作工艺、分布地域都大大超过了前代。同属楚地的长沙马王堆一号汉墓出土各类漆器184件，有鼎、钫、钟、盒、匕、卮、勺、耳杯、具杯盒、盘、案、奁、几、屏风等16种器形；马王堆二号汉墓出土漆器约二百件；三号墓 出土漆器316件；湖北云梦睡虎地12座秦墓，出土漆器达560件；江陵凤凰山汉墓群也出土漆器五百余件。连汉初地处偏远地区的广西贵县罗泊湾1号汉墓也出土大量漆器。这表明，在秦汉时代，漆器以其质轻、形美、耐用和华贵的特点受到青睐，取代了相当一部分青铜器的实用地位，成为工艺造物的新宠。

秦汉漆器的品种十分丰富，几乎应有尽有，如饮食器皿类的杯、盘、碗、鼎、盒、盂、勺、匕、壶、钟、尊、钫、卮；出行用的车、伞、杖等器具；居室陈设用的几、案、枕；占卜用的式盘；娱乐用的乐器、六博；盛化妆品的奁；丧葬用的棺、椁、镇墓兽以及兵器、文具等物。从设计和工艺上可以分为两类，一是以髹涂、描绘为主的漆器及工艺，如大型的棺椁、木器家具、漆车具，甚至包括一些雕刻后再髹涂的木雕作品，以及建筑物的髹涂彩饰等；二是以木、卷木、皮、竹、藤、铜、夹纻等材料为胎骨的漆器，这类漆器大多为容器，漆工艺设计和工艺加工复杂，漆艺的品质和特性强。

在造型设计上，秦汉漆器有实用造型设计、仿青铜器设计和仿动物造型设计三种。实用造型设计的主要品类是奁、盒、盘、耳杯、壶等的实用形器皿。实用器物因实用功能而造型，并且是一定使用方式的产物，如耳杯的造型就与当时的饮酒方式有关。但相同功能的产品在工匠艺人的设计下有很多不同的造型，如奁盒既有圆形、椭圆形的，也有方形、长方形、桃形、马蹄形、月牙形的。圆形用来放置铜镜，马蹄形的用来放置木蓖、木梳一类的器物，造型与器物几乎完全适合。

实用性设计更为精妙的也许是耳杯的套装设计，即所谓的“耳杯盒”。江陵凤凰山 168 号汉墓出土的彩绘漆耳杯盒，长

20.9 厘米，高 13.2 厘米，外形是椭圆球体，盖底大小相同，以子母口扣合，盒内巧妙地对置着十只漆耳杯，中间一只耳杯的双耳造型恰合对置留下的间隔，犹如一整体，整个盒与十只耳杯组成的“内体”也是无间地相容相切，盒身打开又成两只漆碗，这样，一个椭圆形耳杯盒实际上将十只耳杯和两只漆碗组合在了一起（图 3—50）。

图 3—50　彩绘漆耳杯盒

长 20.9 厘米，高 13.2 厘米，厚木胎，西汉早期作品，湖北省江陵县凤凰山 168 号汉墓出土，荆州博物馆藏。

马王堆一号墓出土的耳杯盒，椭圆形，由上盖和器身两部分以子母口扣合而成，内装耳杯七只，其中六只顺扣一件反扣，反扣的耳杯为重沿，两耳断面为三角形，与另六件顺迭耳杯相扣合，设计极为巧妙。

仿青铜器造型的漆器品类主要有鼎、钫、钟、尊、卮、豆等。这类漆器有的是实用性的，有的则是明器，具有一些残留的“礼器”性质。一般而言，这种仿青铜器的造型设计，一方面有着造型上的自然延续性，一方面也表现了社会政治等各方面对漆工艺造型设计的制约。因此，这类仿青铜器造型的漆器在数量上占有一定比例。马王堆一号汉墓16种漆器中仿青铜器造型的有五六种，鼎7件、钫4件、钟2件，这些器皿中还残余盛物，胎骨为旋木胎或斫木胎，胎体厚，造型与同类青铜器相仿，稳重端庄。如漆鼎（图3—51），有盖，盖与鼎身作子母口，口微侈，鼓腹，底略呈圆形，两耳平直，三兽蹄形足，盖为球形，上置三环形钮，整个造型上具有青铜鼎般的体量感，粗壮的鼎足，上昂的两耳，鼓腹饱满，与盖合为一球体，有一种敦厚而庄重的品格。

图3—51　漆鼎

长沙马王堆一号汉墓出土，此鼎造型仿自于青铜器，所绘纹饰流畅飞动，充分表现出漆器的美感。

仿青铜造型的漆器，一般使用旋、斫、凿、刨、削、剜等工艺雕刻的方法制造胎骨，其造型与其说是工艺的不如说是雕塑性的。不过，与青铜器的造型相比，这类仿青铜器造型的漆器仍具有显见的漆器造型风格，整体上简洁明快，注重整体的仿青铜造型，而摒弃局部的雕琢；其造型结构依据漆器的使用方式和制胎工艺的可能而定，如漆鼎盖与底的扣合方式，装饰方式上的髹涂、彩绘以及纹样形式都是秦汉漆器中的通常方式和形式，相异于青铜器。因此，这类漆器虽具有传统青铜器的某些造型特征，但其漆器的造型风格和品质仍然是明晰的，是秦汉漆器众多造型和品类的一部分。

在秦汉漆器中，有一类仿生造型即仿动物造型的漆器，如云梦睡虎地秦墓出土的兽首凤形漆勺，扬州胡场汉墓的彩绘马头形柄漆勺，山东莱西县岱墅汉墓仿玳瑁盒，云梦大坟头一号汉墓的凤形勺以及安徽天长安乐乡汉墓出土的彩绘鸭嘴形柄漆盒等。

以动物形象作为漆器的造型，具有一种轻快天真的情趣，但它却不是抛开实用功能而表现动物的雕塑，而是一种在实用功能结构上的新设计和造型上的新创造。山东莱西岱墅汉墓的仿玳瑁漆盒（图 3—52），盒为木胎，形如伏兽，背部黑、红、

图 3—52　仿玳瑁漆盒

长 27.8 厘米，通高 11.8 厘米，秦代作品，盖顶、外壁和外底有“咸亭”，“亭”字烙印三处，湖北省云梦县博物馆藏。

黄三色花纹，腹下两侧绘四足，嘴大张，以上颌、头及背为盒盖，下颌及腹相连为盒底。嘴内安一横轴，两端穿入上颌，当用手握嘴时，嘴闭合则盖开启，手放盖自落下。与这种设计有同工之妙的是安徽省天长县安乐乡汉墓的彩绘鸭嘴形柄漆盒（图 3—53），盒为木胎，器身内髹朱漆，外髹黑漆朱绘云、龙、

图 3—53　彩绘鸭嘴形柄漆盒

盒口直径 17.5 厘米，高 11.5 厘米，通长 30 厘米，西汉晚期作品，设计巧妙，形象生动，安徽省博物馆藏。

凤鸟、神仙等纹样。柄作鸭嘴张开的造型，由盖和底的口部边缘分别制成上下喙并用榫卯连接而成。鸭嘴形柄内涂朱漆，外髹黑漆后再用朱漆绘鸭的头、嘴、眼等。这些以动物形象作为造型特征的漆器，生动的动物造型和情趣体现着功能设计与审美设计的完美统一，两件作品体现了同样的设计意匠，即在器物本身结构的基础上，利用盒底与盒盖的开合关系，创造性地设计了一个新的开合结构，并将这个结构巧妙地寓于动物的口形和身体之中，不仅产生了一个新的器物结构设计和使用方法，而且产生了一种器物的雕塑性动物造型，改变了传统器物的一

图 3—54　彩绘兽首凤形漆勺

通高 13.3 厘米，秦代作品，木胎，造型别致，湖北省云梦县睡虎地 9 号秦墓出土，湖北省博物馆藏。

般形态。云梦睡虎地秦墓出土的兽首凤形漆勺（图 3—54），兽首、凤身整个器物由木雕挖制成，整个勺形结构不变，而是整合在一只兽首凤体之中，兽首凤颈为把手，凤背则为勺形，并巧妙地在把手相对的位置上设置了凤尾，勺内涂红漆，其余部分髹黑漆为地，用红、褐色的漆涂凤鸟的羽毛和兽首的眼、鼻、耳等。这种造型设计，并不改变器物原有的功能结构，只是在相应部位作了新的动物造型设计。类似的造型设计还有云梦大坟头一号墓凤形勺和扬州胡场汉墓的彩绘马头形柄漆勺等作品，大坟头凤形勺其形体更为简洁，勺身没有睡虎的兽首凤形勺的大凤尾，而以整个凤形勺体的动态曲线和尾部稍微上翘的结构来表现；胡场马头形勺仅在原勺结构上柄首略作马头形，简洁而形象。

这类动物造型的漆器，首先体现了设计上的一种新的趋向，在实用基础上进一步追求功能结构和使用上的完善，追求型的完美；在造型风格上体现了秦汉时代雕塑造型的简洁、高度概括的时代风格，在一件器物上将动物形体的塑造与器物的功能结构完善地结合在一起而恰到好处，既充分体现了秦汉漆器工艺设计的高度，也体现了秦汉雕刻艺术的水平。

在装饰方面，秦汉漆器集前代之大成又有新的创造，主要有：

一是髹漆与金属工艺结合的方法，这以各种扣器为代表，使用金银铜等金属材料和工艺与髹漆结合，成为秦汉漆工艺造型和装饰的一个重要特征。扣器的扣边，不仅增加了漆器的强度，又是一个重要的装饰形式，鎏金或银质的镶嵌花纹或镂空的扣边饰带，给漆器增添了华贵典丽之美。柿蒂形钮、铜扣、铜足等金属构件也具有实用和装饰的双重功能。

二是贴金银箔工艺。这种工艺一改附属镶嵌的金属装饰带的形式，利用金银材料特有的延展性打制成箔片，镂刻成一定的纹饰贴之于漆器装饰面上，由于金属箔片对漆质的适应性与相容性，使这种贴箔工艺所创设的装饰语言成为漆工艺本身独有的表达语言和形式。如云梦秦墓中出土的漆奁，贴有银箔镂刻的图案，在纹样边缘再勾朱色漆线形成新的装饰风格；马王堆一号汉墓的双层九子奁，在黑褐色漆面上贴金箔，金箔上再施以油彩绘，这种多层次的装饰漆工艺，形成光彩夺目的效果。山东莱西县堡墅墓出土三虎纹嵌银箔奁盒，盖与奁身的腹部各嵌银箔虎三只；江苏邗江姚庄墓有彩绘贴金银箔嵌玛瑙珠漆七子奁，奁外表纹饰由银扣和金银箔饰带组成，金银箔纹样有羽人操琴、羽人骑狼、山水云气、羽人祝祷、车马出巡、狩猎、斗牛、六博、听琴以及飞燕、夔龙等内容，银扣环带与金银箔纹样装饰带层层交错、内容丰富、装饰华丽（图 3—55）。奁内七子盒也嵌玛瑙、镶银扣，以金银箔剪镂成羽人、锦鸡、孔雀、羚羊、熊、马、虎等山水禽兽图案，同墓出土的漆砂砚，是现知时代最早的一件，其装饰也采用了贴银箔工艺，纹样为狩猎纹等。

图 3—55　彩绘贴金银箔嵌玛瑙珠漆七子奁

七子奁，西汉晚期作品，高仅 14.5 厘米，内装有造型各异的七件子盒。装饰华丽，代表了汉代漆器装饰的水平。

三是玉石镶嵌。秦汉漆器常以玛瑙、水晶、琉璃、珠玉等作钮或镶嵌在纹饰之中，如满城汉墓五子奁上镶嵌有绿松石、玛瑙、桃形玉片；邗江姚庄汉墓银扣玛瑙七子奁，在盖顶柿蒂镶嵌直径约 1.8 厘米的红玛瑙，在周围蒂瓣中各嵌一颗鸡心形红玛瑙，子盒上也嵌有黄色鸡心形玛瑙作为盖钮。北京大葆台汉墓，墓主为贵族刘旦，所出漆器上镶嵌有色彩艳丽的红玛瑙、白玛瑙、玳瑁、云母、金箔等饰物，多种珍异施于一器，已初步具备后代百宝嵌的规模和风格。

四是漆画彩绘。天然大漆基本上呈透明状，通过调入矿物等色料，可以得到丰富的色彩，秦汉时的漆色有红、黑、黄、蓝、紫、绿、白、灰、金、银等色。彩绘通常以黑色或朱色为底，集多种色彩为一体，形成对比强烈、鲜艳显目的装饰效果，而且可以表达丰富的装饰内容。

马王堆漆棺是大型漆绘作品，黑地彩绘漆棺有怪神、怪兽、仙人、动物等上百个图像，穿插腾跃于飞云之中，整个画面按照纹样的布局结构和表现手法绘制，具有极强的装饰性。日用器物上，秦汉漆器很少有髹而无绘的作品，彩绘亦占一定的比例。在各漆器制造中心包括汉代后期的漆器制造中心扬州都有高水平的彩绘作品，扬州西汉“妾莫书”墓出土的漆器百余件，大多以彩绘为饰，纹样以云气纹和云龙纹为主，并绘有鹦鹉、孔雀、鹿、虎等多种动、植物和神话故事题材。如彩绘漆笥，在翻卷的舒云纹中绘一展翅奋飞凌云直上的大雁，或须鬣尽张从天而降的怪龙；邗江姚庄 101 号西汉墓出土漆器一百三十余件，彩绘艺术堪称汉代漆绘的楷模，如通体髹褐漆，绘有几何纹，火焰状云气纹，间饰羽人、麒麟、青、白虎、朱雀等纹饰的六博局；绘几何纹、云气纹间饰鹿、雀的漆盘、漆枕等，色彩浓艳，富丽堂皇。彩绘有不同的工艺方式，除通行的勾线平涂，与贴箔镶嵌结合外，还有使用沥粉的装饰方式绘制的，如马王堆三号墓长方形漆奁使用了沥粉的装饰方法，先用白色凸起的线条勾边，然后用红、绿、黄三色勾填漫卷的云气纹，使色彩绚丽华美。

五是锥画。西汉时把“针刻”的漆画方式称为锥画，这是由作画工具而定名的漆绘方式或形式。锥画即在未干透的漆面上用金属等坚硬的针作笔刻画线条纹饰或绘画。锥画的方式给漆器的绘饰带来了更为流畅、强劲、飘逸而又细致的线描风格和装饰效果，随着锥画的发展，也进一步发展出了点彩填金等新的形式，成为秦汉漆工艺装饰中更高一级的新形式。

三　从绘到刻：剔红剔犀

生漆是一种天然的稠黏性树脂，从新石器时代开始人们即用来涂布作为器物的保护层和装饰层。随着涂饰工艺的积累和发展，人们发现经过多次髹涂后所形成的涂层具有一定的柔韧性，因此在唐代便出现了一种雕漆的工艺和产品。

雕漆是在涂复多层的漆面上进行雕刻的一种工艺，因漆色不同而分为剔红、剔黑、剔黄、剔绿及剔彩等。剔红最多、最常见。剔即雕刻，剔红即雕红漆，工艺方法是在漆器素胎上髹涂红漆（有朱红、褐红等）数十道，甚至上百道，髹涂的厚度根据器物大小和需要而定。器物大的可以髹涂一二百道。髹涂的色彩如是黑，即是剔黑。达到一定的厚度后，然后用刀雕刻花纹、图案。剔彩是分层髹涂不同颜色的漆，每层涂若干道，使各色都有一个相当的厚度。在剔刻花纹时，需要某种颜色便剔去其上的漆层，露出需要的色漆，并根据设计雕刻花纹。这样，根据不同需要而选择漆层进行雕刻，其作品往往是五色缤纷，如红花、绿叶、黄果、紫枝、彩云、黑石等，各在不同的层面上作剔刻，因此称之为剔彩。

除了剔红、剔彩外，还有一种称作剔犀漆器。剔犀也是雕漆的一种，明代著名漆工艺家黄成所撰写的我国现存唯一古代漆工艺专著《髹饰录》谓："剔犀，有朱面，有黑面，有透明紫面。或乌间朱线，或红间黑带……其文皆疏刻剑环、重圈、回文、云钩之类。"其方法是用两种或三种色漆，在器物上根据需要逐层髹涂，每一色漆需一定厚度，多层累积后用刀剔刻出云纹、回文等图案纹样。在这些纹样的侧面即刀口的断面，可以看见不同的漆层。北京古玩界曾称剔犀为"云雕"，日本称之为"屈轮"。

雕漆是唐代漆工艺的一个创造。《髹饰录》谓唐代雕漆作品是："多印板刻平锦朱色，雕法古拙可赏；复有陷地黄锦者。"明代漆工艺家杨明注云："唐制如上说，而刀法快利，非后人所能及，陷地黄锦者，其锦多似细钩云，与宋元以来之剔法大异也。"作为明代著名的漆工艺家的黄成、杨明一定亲自见过唐代的雕漆作品，才能作如上品论，但唐代的作品至今尚无实物举证。传世作品有宋代的桂花纹剔红盒（图 3—56），其上有项氏印记明人陈眉公在《妮古录》曾提到自己在项玄度家看见过宋剔红桂花香盒，似乎与这一作品有关，但也不能就此作完全地肯定。现藏日本圆觉寺的醉翁亭图朱锦地剔黑盘，据记载宋代遗民许子元于1279年东渡带到日本的，与日本文化厅收藏的另一件婴戏图剔黑盘均为南宋制品，雕法古拙可爱，与处于雕漆鼎盛期的元代作品风格迥异。

图3—56　桂花纹剔红盒

口径8.7厘米，高3厘米，南宋晚期雕漆精品，漆质坚厚，精美光亮。

元代是我国雕漆工艺发展的高峰时期。在14世纪中叶，浙江嘉兴出现了两位雕漆巨匠——张成与杨茂，其传世作品有张成造栀子纹剔红盘、曳杖观瀑图剔红盒；杨茂造花卉纹剔红尊、观瀑图八方形剔红盘。故宫博物院收藏的“张成造”栀子纹剔红盘（图3—57）为黄漆地上髹涂朱红

图3—57　“张成造”栀子纹剔红盘

口径17.8厘米，高2.8厘米，元代著名漆艺家张成造。

漆约百道，盘中雕刻盛开的大栀子花一朵，枝繁叶茂、花蕾相间，一派勃勃生机。盒足内有针画“张成造”竖行款。张成花卉纹剔红作品的设计特点是花叶繁茂、构图饱满，有的甚至密不见地。如现藏日本兴临院的茶花绶带鸟纹剔红盘满饰花卉为地，上饰相向飞翔的绶带鸟，亦是这种满饰的典型之一。张成的雕漆作品不仅构图独具艺术特色，其雕刻刀法也精熟圆润，所剔刻的花枝叶片皆翻卷自如，丰满突出，精美异常。

图 3—58 “张成造”曳杖观瀑图剔红盒

高 4.4 厘米，直径 12.3 厘米，中国历史博物馆收藏。

曳杖观瀑图剔红盒（图 3—58），高 4.4 厘米，直径仅 12.3 厘米，盒面漆层达 80 道左右，色泽呈枣红，盒面上雕刻一老者曳杖观瀑，身后有二童子随侍，画面树石相依、山清水秀，构图吸收了中国画的写意风格，描绘了一幅静谧而格调高雅的文士生活画卷。此盒周侧刻回纹，盒底有针刻“张成造”三字款，字体劲挺又细若毫发。署款“杨茂造”的观瀑图八方形剔红盘（图 3—59），表现题材相同，但画面构图意趣迥异。此盘为木胎，在盘内以亭阁古松为近景，并作为画面主体结构，山石飞瀑为远景，一老人凝神观瀑，二童子侍立恭候。作者使用三种不同的锦纹表现天、地、水纹，使整个画面既有中国山水画的神韵又有剔红工艺独有的装饰效果。

图 3—59　“杨茂造”观瀑图八方形剔红盘

口径 17.8 厘米，高 2.6 厘米，故宫博物院收藏。

张成传世的雕漆作品还有云纹剔犀盒。此盒为木胎，由朱、黑色漆分层相间髹涂约百道，盖和盒身均剔刻如意云纹，其余部分均髹涂黑漆。盒底有“张成造”三字款。从造型上来看，器形古朴高雅，色泽光亮晶莹，刀法深峻圆润，如意云纹生动流畅，黑色中相间的红色线条若隐若现，如神来之笔，飘逸飞扬。此剔犀盒不失为张成传世作品中的佳作。

明清两代是雕漆工艺发展的重要时期，现存的漆器作品，以雕漆制品最多，品类最为丰富。明代雕漆从地区和工艺上看，似乎可以分为两个系统，一是元代著名雕漆家张成、杨茂的故乡浙江嘉兴，一是云南大理。前者雕功圆熟，丰润浑厚，题材多样，后者则棱角分明，用刀劲挺。明代雕漆有剔红、剔黄、剔黑、剔彩和剔犀数种。明永乐年间，明皇朝在皇城内棂星门果园厂设制造漆器的作坊，主要生产填漆和雕漆两类产品，供皇室使用。生产的剔红漆器盒有蔗段、蒸饼、河西、两撞、三

图 3—60　明永乐剔红花卉盖碗

撞等样式。嘉兴漆工张德刚曾被招至果园厂制作雕漆。图 3—60 为永乐剔红花卉盖碗，通体黄漆素地上雕朱漆。盖钮雕灵芝纹，盖面以钮为中心雕刻两圈牡丹、石榴、茶花、菊花等组成的花卉纹，腹部纹饰基本相同，花叶肥厚饱满，刀工深厚而圆润。

图 3—61　明宣德剔红五老图莲瓣盘

宣德年间的雕漆以花卉、山水、动物、人物为题材，花卉和动物的题材范围很广，除牡丹等传统花卉外，还有水仙、海棠、梅花十数种，动物纹饰增加了狮戏球、牧牛等。图 3—61 为宣德剔红五老图莲瓣盘，盘作莲瓣形，盘内雕五老图，盘外壁雕各缠技纹。人物、山水树石，各具姿态，浮雕式的刻画，具有很强的装饰味。

清代雕漆以乾隆时期的为最优，不仅有盒、盘、瓶、碗一类的器物，还有屏风、宝座、桌、椅、凳、几一类的家具和陈设品。其作品有一部分是以仿古为造型的如剔黄春寿圆盒（图 3—62），盒面以“春”字为中心，字下一聚宝盆闪烁万道金光，春字两侧为云龙纹。春字中有一圆形“开光”，中刻寿星携鹿纹饰。纹饰结构严谨，雕工精致工整，棱线深峻有力，层次清晰醒目，虽仿自明嘉靖时期的作品，但其精湛的雕漆技艺似更胜一筹。清代有许多雕漆精品，包括创新的作品，如乾隆年间的剔红海兽纹圆盒，木胎，盖与盒身完全相同，全盒满雕流水桃花纹饰和海兽，三只海兽跳跃于海水波涛之中，极为生动，海水以极细的线纹表现，所夹桃花如浪花又胜似浪花，表现了雕漆艺人独具的设计匠心。

图 3—62　剔黄春寿圆盒

腹径 31.2 厘米，高 12 厘米，清乾隆年间作品，内刻“大清乾隆年制”款，南京博物馆藏。

四　漆的塑造：夹纻造像

生漆作为一种髹涂材料，要作成漆器必须要有一个内在的支撑物，这个支撑物即所谓的胎骨。一般而言，只要能形成支撑的材料都能作漆器的胎，最早的漆器胎是木胎，大都是镟木为胎，这是最古老的制胎方法，至今仍有用这种加工方法制作木制胎的。木胎容易加工亦容易受漆，髹漆后能抵御潮湿、方便使用、增加使用寿命。如《韩非子》所谓舜作食器、禹作祭器之器都是木胎漆器，战国时期的漆器也主要是木胎漆器。但镟木为胎的漆器其木胎厚笨，在实践中，漆工艺家们又发明了用薄木片卷曲成胎的方法，用薄木片卷曲成所需器物的形状，再用漆糊裱麻布于其上，经过刮漆灰制成合适的胎骨，然后髹漆。由此方法导致了夹纻胎工艺的产生。夹纻胎的制胎方法是先制一泥质内模，再在其上裱糊麻布或丝布等纤维材料，刮漆灰后除去泥模即所谓“脱胎”，形成夹纻胎。

夹纻工艺是用漆直接造型的工艺方式，从木胎、卷木为胎到夹纻胎，在材料和工艺的改变中，在不断去除内在支撑物的过程中，我们发现漆工艺正日益走向成熟，正一步步从外在走向内在，它寻找着最好的表达自己的工艺方式和语言。夹纻工艺可以说是不依靠其他材料仅依靠漆材本身而完成造型和结构的工艺方式，这种工艺方式有着漆工艺本身最本真、最贴切并且是属于自己的表达语言。因而，夹纻工艺的产生与成熟，实际上标志着漆工艺本身的成熟。

据考古资料，发现较早的夹纻漆器是湖南常德德山战国墓出土的夹纻胎漆奁。在秦汉时代，夹纻漆工艺发展很快，其制作主要为日用器物。在魏晋南北朝时期，由于佛教的兴盛，使夹纻工艺在佛教造像上得到广泛运用。当时兴建寺庙塑造佛像几乎是一个社会化的工程，人们崇佛信佛，以此为大事。四月初八是佛祖释迦牟尼的生日，按佛教规矩，要辇舆出寺，行像供养。我们知道，寺庙佛像的塑造一般都是以泥质材料为主，不易搬动也不需搬动，而用作行像供养的佛像平时是供养在寺庙内，而行像供养时则要抬着佛像围城巡绕，举行佛事活动。这就要求所抬佛像既要高大又要体轻，使用夹纻方法制作空心佛像无疑成为最好的选择和方式。

夹纻佛像的产生来源于宗教活动和仪式的需要，因此，用夹纻工艺制作佛像的时代与行像供养活动出现的时代不会太晚。行像方式在东晋时已开始出现，在有关记载中亦能见到关于制作夹纻佛像的记录。如释法琳《辩正论》卷三有戴逵建招隐寺手造五夹纻佛像的记事。① 梁简文帝萧纲亦有《为人造丈八夹纻金薄像疏》的文字（《全梁文》卷十四），金薄即金箔，是在夹纻佛像上进一步贴金箔而成，从这一记载可知，当时不仅用夹纻方法制作佛像，而且还使用了贴金箔工艺，使得行像更为辉煌。宗教工艺艺术不是宗教的目的而是宗教的工具，在宗教活动和视觉传达中它是符号性的，是领人们进入宗教天国的引导物。作为礼神之物的宗教工艺品类，不仅是宗教仪式、形式、法术中不可分离的一部分，而且还是形成宗教环境、气氛主要物质力量，有时它又是宗教本身，是宗教文化的标志物。精神的宗教通过工艺而物化，而艺术化的物质外衣又成为强化宗教

---

① 参见法琳：《辩正论》卷三，见《大正新修大藏经》第五十二卷，505 页。

精神的重要工具。由于宗教工艺所具备的特殊性质，这些工艺品类的制造往往体现了当时社会工艺的一流水平，从供养人到制作者，为示虔诚和隆重，工艺务求精良，甚至殊加精制。梁简文帝萧纲所记载的这尊高达四五米的金箔夹纻佛像，当是这种社会心态的产物。

北魏时期，尊佛崇佛更臻极盛，《洛阳伽蓝记》有多处关于巨像出行致使万人空巷的记载。[①]《魏书·释老志》也有类似记载："四月初八日，舆诸佛像行于广衢，帝亲御门楼临观，散花以致礼敬。"（《魏书》卷一百一十四）这诸多佛像中应有不少是夹纻佛像。

隋唐时代统治阶级大力提倡佛教，唐玄宗整顿寺院时全国尚有寺庙 5358 所，僧尼 13 万人，文宗、武宗时，"天下僧尼，不可胜数"，"寺宇招提，莫知纪极"（《唐大诏令集》卷一一三《拆寺制》）（唐朝寺院官赐额者为寺，私造者称作招提、兰若），寺院之盛必然导致塑造佛像工艺的进一步发展，佛像造型也具有了隋唐时代的明显特点，与魏晋时的秀骨清像相比，隋唐佛像丰腴端庄。从漆工艺来看，夹纻佛像依然流行，而且不仅使用夹纻工艺制作佛像，也制作人像和其他的工艺物品。据《邵氏见闻后录》记载，苏世长在武功唐高主宅曾见"有唐二帝纻

① 《洛阳伽蓝记》卷一长秋寺、昭仪寺，卷二宗圣寺，卷三景明寺等。

漆像”，这应是唐高主为其先帝制作的纪念像。武则天垂拱四年（公元668年）作明堂，命薛怀义作夹纻大像，“高九百尺，鼻如千斛船，小指中容数十人并坐，夹纻以漆之”（《朝野佥载》卷三），传说大像的小指中能容数十人，此说虽有失实之嫌，但这种夹纻造像的高大一定超过前代的各种行像，其夹纻工艺也必定有新的发展。

宋代郭若虚的《图画见闻志》曾记载唐开元、天宝时期夹纻佛像之事。据厉归真条记载：“南昌信果观有二宫殿，夹纻塑像乃唐明皇时所作，体制妙绝”。《宣和画谱》记五代画家藤昌佑于绘画之外，“兼为夹纻果实，随类傅色，宛有生意也”，从这一记载来看，藤昌佑所作的夹纻果实当是一种仿生实用容器或陈设用器。

唐宋时代兴建的大批寺庙，应有不少的夹纻造像，但由于夹纻佛像的轻便易于搬动，亦易于佚失与毁坏。清末一些夹纻佛像被盗运海外，国内保存至今的就更为鲜见。美国纽约大都会美术馆所藏一尊唐代夹纻佛像（图3—63），

图3—63　夹纻佛像（唐代）

虽然手、臂略有残缺，但整个造像仪态清秀佳妙，庄严的仪容中隐透出一种慈祥而神秘的微笑。

唐代的工艺美术影响远至国外，我们从国外的一些作品中亦能看到当时夹纻工艺的盛况。日本奈良招提寺保存的三座大佛，均为夹纻佛像，其中的卢舍那大佛，座高 3.03 米，竹胎，以布漆涂裱褙 13 层，是日本最大的夹纻佛像。根据《唐招提寺建立缘起》记，卢舍那大佛系中国唐代高僧鉴真的弟子义静率领净福及日本僧人所造。卢舍那大佛两侧的药师如来和千手观音菩萨立像，都是木心夹纻像，也都是他们所塑造。在招提寺的经堂、讲堂、礼堂、钟楼的佛像记有作者姓名，有如宝、义静、思托、昙静、法力五人，均为随鉴真东渡来日本的弟子，义静本是扬州兴云寺的和尚。鉴真大师圆寂后，其弟子采用夹纻工艺照他的容貌塑造了一尊如真人大小的夹纻像，高 80 厘米，大师身披袈裟，双目静合、闭唇微笑、结跏趺坐，高超的塑造技艺再现了大师仁慈宽厚、静穆安详的高僧风范（图 3—64）。鉴真大师

图 3—64　唐代高僧鉴真大师夹纻像
（日本唐招提寺）

夹纻像和日本现在仍然保存着的天平时期的一些夹纻造像，如当麻寺的四天王像、东大寺的主佛观音像、药师寺的药师三尊等，作为日本的国宝，亦是唐代夹纻工艺东传的实物见证。

行像作为宗教活动中的一种重要工具，历代多有制作，但保存下来的极为罕见。据《元史·方伎传》记载，元代雕塑名家刘元亦是夹纻像的制作高手："凡两都名刹，塑土、范金、抟换为佛像，出元手者，神似妙合，天下称之"，"抟换"即唐宋时期所谓的夹纻，元时京师人又称之为"活脱"，亦清代所谓"脱胎"。

第三节 玉山玉海

一 礼天地之器

在中国的造物部类中，玉器是一个非常特殊的品类。我们中华民族以自己独有的智慧在造物生产和文明进程中，不仅设计和创造出了无数精美绝伦的玉器，成为中国造物文化的一部分，并形成和培育出了一种举世无双的崇尚玉器的观念和意识。我们以玉音玉貌比喻人音容的美好，以玉男玉女比喻人的纯洁；以玉壶玉册表达尊贵；以玉比德，作为人格道德建树的最高标准，并由此演化为一种独具民族精神和品质的文化传统。

中国的玉器文化孕育于石器时代。处于距今 60 万年前的旧石器时代的“北京人”已有用水晶制作的工具。在旧石器时代晚期和新石器时代，曾有一个玉石不分而采用玉石作工具的时期。当玉石的美质被发现并被有意加以利用时，玉制的装饰品和作为祭祀和礼制工具的玉器便出现了。新石器时代初期和中期是中国玉器发生发展的重要时期，考古发现表明，在我国大多数新石器时代遗址文化中都有玉器的存在，辽河地区的红山文化、东南沿海的良渚文化、黄河中下游的龙山文化、海岱地区的大汶口文化、浙江宁绍地区的河姆渡文化及江汉地区的大溪文化、屈家岭文化等都有精美的玉器。

这些精美的玉器，最早是作为一种劳动工具的形式出现的，现发现距今约七八千年的新石器时代遗址如辽河流域的兴隆洼文化、沈阳地区的新乐文化中有玉凿、玉斧等玉石工具。这些工具有的有使用的痕迹，有的仅有工具的形式而另具功能。其次是作为装饰品而佩戴和拥有；如仰韶文化遗址中即发现个别少女随葬的玉耳坠、玉笄等玉制品。长江中游地区的大溪文化玉器以装饰品为主，有耳饰、项饰、臂饰和腰际的佩饰等多种。但新石器时代的玉器最多、用途最广的是祭祀用玉器。辽河流域的红山文化玉器可说是代表之一。

红山文化遗址分布在辽宁、内蒙古和河北交界的地带，出土的玉器具有群体性特征，以鸟兽造型的玉器为主，如写实性的鸟、燕、枭、鹰、蝉、鱼、龟、猪等，及幻想形的超现实的神灵动物如勾龙、猪龙（兽形玦）、兽面丫形器等，还有勾云形玉佩、马蹄形箍、二三联璧、三孔玉饰等，殉葬的玉器似乎都有一定的组合，如猪龙、马蹄形箍和勾云形佩、鸟、龟常成一组，出现在同一墓葬中。

红山文化的玉龙是代表性器物。中华民族是龙的传人，龙自远古起就成为我们民族所尊奉的神灵之一。红山文化玉龙

（图 3—65），出土于内蒙古翁牛特旗三星他拉村，玉质呈碧绿色，龙的整个造型呈“C”字形，长吻、嘴紧闭、双目突起、额及颚底皆刻有细密的方格纹，颈脊长鬣上卷，边缘成锐刃、尾向内卷曲，背有一圆形穿孔。作为原始时代造型的玉龙，形象设计简洁，龙的盘曲和龙首的特征以最简洁的方式生动传神地表现出来，其本身亦是一个高度抽象化的符号，即使是在6 000年后的今天，我们仍能辨识出来。与这一玉龙相类似的还有被称作“猪龙”的玉兽形玦，猪龙夸张了头部的造型，双耳耸立，双目圆睁，首尾相衔（图 3—66）。从造型而言，有学者以为猪龙是猪与蛇形象的融合，与原始图腾崇拜有一定的关系，无论是玉龙还是猪龙，它们都可能是红山文化的原始初民们所模拟

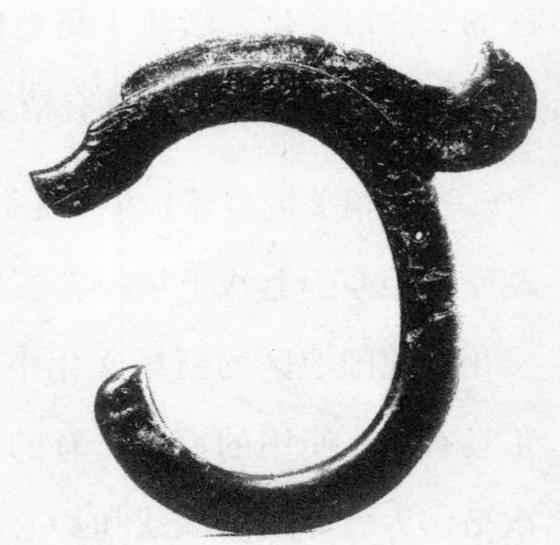

图 3—65　玉龙

高 26 厘米，红山文化代表作品，玉质碧绿，内蒙古自治区翁牛特旗博物馆藏。

图 3—66　猪龙

高 4.2 厘米，红山文化代表作品，器由青绿色玉琢成，首尾不连，辽宁省博物馆藏。

的幻想中的神灵和崇拜的偶像。

如果说红山文化玉器代表了中国新石器时代东北部沿海玉器制作的最高水平，那么东南沿海的良渚文化玉器则代表着东部沿海南部的最高水平。良渚文化的玉石工艺发达，几乎成为良渚文化的一个典型特征，在良渚文化遗址中有大量玉器出土，还发现了“王殓葬”和“祭坛”的遗迹，浙江余杭反山、瑶山出土的玉器总数达三四千之多。其中有极个别的玉带钩、玉纺轮等实用器，大多为玉钺、玉琮、锥形器等宗教祭祀用器。良渚文化玉器有许多值得注意的特点，一是制作工艺复杂精致，有许多是至今仍无法解释清楚的高难度加工工艺，如细如发丝的线刻，在不到一厘米的地纹内刻五六道的细线，有的有主纹、地纹、辅助纹饰三层布局，采用浅浮雕、透雕及剔地等多种雕刻方法，小件几厘米高，大件如玉琮高达三四十厘米，宽扁形玉琮重达6.5公斤（图3—67）。二是良渚文化玉器一改以往玉器光素无纹饰的传统，在大量的玉器上装饰有令人叹为观止的精美纹饰，良渚人将线刻与浮雕技法结合，创作出极为复杂细致的画面，他们所刻画的形象常是口露獠牙的猛兽形象与人形的结合体，头部常戴有华盖状冠冕，良渚文化出土大量的玉琮，每件玉琮上都刻有这种神兽与人形的结合形象，所谓“神人兽面图像”（图3—68）。重达6.5公斤的玉琮全器共雕饰神人兽面图像十六幅，被认为是在玉的世界中神的精灵无所不在的表现，亦可以说是良渚人的精神崇拜物和象征。

图 3—67　玉琮

高 8.8 厘米，良渚文化代表作品，形体宽大，堪称“琮王”，1986 年浙江余杭县长命乡雉山村反山墓地出土，浙江省文物考古研究所藏。

图 3—68　神人兽面玉琮

高 7.2 厘米，良渚文化作品，器呈乳白色，带翠绿赭红斑纹，南京博物馆藏。

从原始时代陪葬的玉器中我们可以看到，玉器大多数具有宗教和祭祀的性质。在进入奴隶制的阶级社会后，这种祭祀的宗教性又进一步与礼制结合，出现大量的礼器并且系列化，从而使玉器具有了更多、更明确、更深刻的社会意义。

现发现夏代的礼器仅琮和瑗两种，仪仗类的玉器仅钺一种。商代玉器发展为礼器、仪仗、工具、武器、装饰五大类。商代早中期礼器有圭、牙璋、璧、琮；仪仗有戈、戚、钺、多孔刀等数种，商代晚期是玉器大发展的时期，犹如同期高度发达的青铜工艺一样，商晚期的玉器制造有着空前而惊人的发展，特别是殷墟王室玉器，更是量大、质精、形美，成为中国玉器发展史上辉煌的一笔。

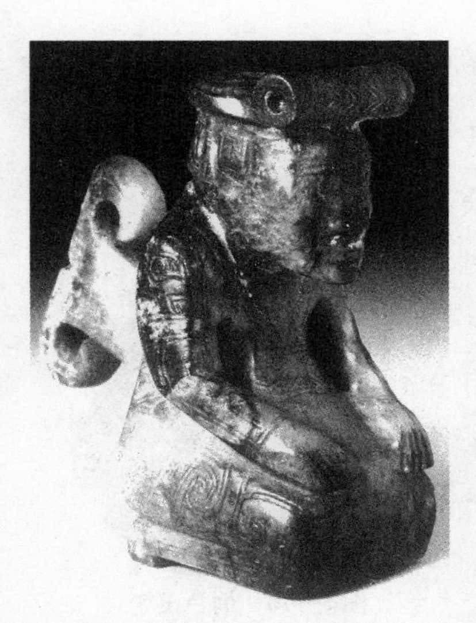

图 3—69　腰佩宽柄器玉人
高7厘米，商代晚期作品。推测是一种礼仪性用器。1967年河南安阳妇好墓出土，中国社会科学院考古研究所藏。

殷墟玉器绝大多数出自大中型贵族墓葬中，至20世纪90年代，殷墟出土玉器已达两千余件，仅殷墟妇好墓即出土各类玉器755件，其中有十多件玉雕人像和人头像（图3—69），这些跽坐人像，或戴冠或盘发，服饰亦各异，有的高领窄袖、腰束宽带，跪坐时衣缘及踝，腹前还有“蔽体”；有的无衣无褐，赤身裸体。出土的动物形象玉器也十分杰出，大多数是现实生活中常见的飞禽、走兽、鱼鳖、虫豸一类动物，也有龙、凤、怪兽、仙鸟一类具有宗教和社会意识的制品。用于祭祀、仪礼、佩饰方面的玉器是主要的作品。

玉器中的礼器又称“礼玉”，用于祭祀、仪礼等场合，有时也用于佩戴，以显示主人的身份地位。在祭祀中用玉是由来已久的事，甲骨文中也有用玉作祭祀工具的记载。《周礼·大宗伯》谓：“以玉作六器，以礼天地四方，以苍璧礼天，以黄琮礼地，以青圭礼东方，以赤璋礼南方，以白琥礼西方，以玄璜礼北方。皆有牲币，各放其器之色。”作为礼器，琮和璋在商代并不多，而璧、瑗、环数量较多。而作为佩饰和装饰用玉器占有较大数量。

仅从殷墟出土的玉器看，其设计和雕琢代表了商代琢玉的最高水平。其表现在，一是选料用料都经过精心考虑和设计，如对象、对马、对鹤，其用料基本相同，还注意使用玉料的天然色泽作“俏色”设计，如小屯出土的圆雕玉鳖，背甲呈黑色，头颈和腹部呈灰色，是我国玉器利用天然瑕疵和色彩作“俏色”处理的最早例子（图 3—70）。二是造型丰富多样，除各种几何形礼器外，人物、动物皆生动形象，刻画细致、造型优美。三是雕琢手法多样，浮雕、镂空、圆雕、线刻结合，综合运用，表现出高超的琢玉水平和工艺能力。

图 3—70　俏色玉鳖

长 4 厘米，商代晚期作品，此作品证明远在商代末期已出现俏色玉石工艺品，1975 年河南省安阳市小屯北地十一号房子出土，中国社会科学院考古研究所藏。

周代的玉器生产几乎处于商代和春秋战国这两个玉器生产高峰期的转折时代，虽无大的建树，但亦有自己的特色。春秋战国，由于各列国诸侯筑城建邑，建立手工业作坊，青铜器、玉器等手工艺有很大发展，并取得了辉煌的成就。礼玉如圭、璋、琮仍存在于贵族阶级的礼制生活中，如山西侯马盟誓遗址出土有玉圭、玉璧和玉璋，但变化则是明显的，战国时期出土的玉琮很少，形式亦有所改变。随着社会政治、经济的变革，西周以来繁琐的礼仪制度和社会意识形态也发生了剧烈的变化，作为礼玉的圭、璋、琮逐渐减少，在战国晚期有的已经消失，有的如玉璜、玉琥则退出了礼器的行列，转变为君臣士子身上的一种佩饰了。不过，礼玉作为礼仪的产物或工具，自三代以来一直到清代，可以说从没有完全退出历史舞台，虽然历代制作有精粗、多少的区别，但由于封建礼仪制度的存在和需要，礼仪用玉一直延续到清末。秦汉以降以佩玉为主，唐代，尤其是明清时代，玉器的使用逐渐向社会生活的方面转化，即使是在礼仪用玉在玉器工艺中的比重不断缩小，礼仪用玉的神秘色彩亦逐渐减弱的情况下，礼玉的作用和功能还在，重要的礼仪用玉仍有所发展。如清代，陈设欣赏用玉器、生活用玉器都十分发达，但是皇帝礼天祀地用的圭、璧，丹陛大典用的玉磬等，仍是不可或缺的礼仪用玉，其造型和样式仍延续上千年来的传统，不过制作简单、粗糙，远远不能与同期的其他玉器相比。这表明，在秦汉以后，礼玉重要性已开始降低，装饰性的玉器和生活用玉器成为玉器设计和生产的主流。

佩玉早在三代时期已成为礼制的一种需要，不过，其装饰性和作为身份、地位的象征功能往往大于礼制的功能。从春秋战国起、经秦汉直至明清，作为佩饰的玉器占有很大的比例，这与人们赋予了玉更深刻的人格意义有直接关系。

先秦诸子赋予玉以美德，孔子倡言“以玉比德”。《礼记·聘义》记载孔子答子贡为什么“君子贵玉”时认为玉具有仁、知（智）、义、礼、乐、忠、信、天、地、德、道十一德。《管子·水地》篇中说：“夫玉之所贵者，九德出焉：夫玉温润以泽，仁也；邻以理者，知也；坚而不蹙，义也；廉而不刿，行也；鲜而不垢，洁也；折而不挠，勇也；瑕适并见，精也；扣之，其声清扬而远闻，其止辍然，辞也；故虽有珉之雕雕，不若玉之章章。《诗》曰：‘言念君子，温其如玉。’此之谓也。”正因为君子“以玉比德”，而“无故玉不去身”，《礼记·玉藻》记载：“古之君子必佩玉。右徵角，左宫羽。趋以《采齐》，行以《肆夏》。周还中规，折还中矩。进则揖之，退则扬之，然后玉锵鸣也。故君子在车则闻鸾和之声，行则鸣佩玉，是以非辟之心无自入也。……君子无故，玉不去身。”玉成为士人君子成就人格、修身养性、“治国平天下”的法宝和工具。

自战国起，佩玉已成为玉器生产的主流，器种复杂，五光十色，有各种玉环、玉龙形佩、玉琥、玉鱼、马蹄形串饰等。秦汉时期的玉佩饰更是随着雕琢技艺的发展进入了一个更高的境地，汉儒们进一步继承和发展了先秦诸子的贵玉思想，并将“玉德”的内容进一步实用化，提出“玉有六美”的思想。汉儒刘向《说苑·杂言》谓：“望之温润者，君子比德焉；近之栗理者，君子比智焉；声近徐而闻远者，君子比义焉；折而不挠、阙而不茬者，君子比勇焉；廉而不刿者，君子比仁焉；有瑕必见之于外者，君子比情焉。”在贵玉思想上，汉代人既重玉德，又重视玉本身的美即“重符”，并将其作为并列的两方面。这一思想亦是汉代作为中国玉器发展史上又一高峰期的思想基础。

汉代玉器发展的高峰期在汉武帝以后，汉武帝独尊儒学，儒学中的“君子贵玉”思想和厚葬之风，使玉器工艺形成高速发展之势，并在工艺和艺术风格上形成新的面貌，其中之一便是镂空琢玉工艺的广泛应用，使玉佩饰更显玲珑剔透、精美异常。如出土大量玉器的广州南越王墓，镂空玉佩是其典型作品。南越王墓中许多传统样式的玉器如环、佩、带钩等都作镂空造型。如镂空龙凤纹玉环（图3—71），外径仅9厘米，镂雕成龙凤相互勾连的环状结构，造型新颖，结构优美匀称，镂雕技术极为出色。兽首衔璧玉饰（图3—72），通长16.7厘米，横宽13.8厘米，上部镂雕成正视的兽面纹，左侧饰一螭虎纹，兽面的鼻部镂空一方环与璧套接，璧为扁圆形，中有圆孔，两面均饰凸起的谷纹。整个器物由一块玉料琢制而成，在镂空、套连活环等工艺方面展现出了

图3—71　镂空龙凤纹玉环

直径10.6厘米，内径5.2厘米，厚0.5厘米，1983年广州市象岗南越王赵眛墓出土，广州市西汉南越王墓博物馆藏。

图 3—72　兽首衔璧玉饰

通长 16.7 厘米，宽 13.8 厘米，厚 0.7 厘米，壁径 8.8 厘米，孔径 3.4 厘米，厚 0.5 厘米。全器采用镂空、浅浮雕、线雕等技法。1983 年广州市象岗南越王赵眛墓出土，广州市西汉南越王墓博物馆藏。

西汉精湛的治玉水平，在造型上，更显示出工匠艺人的艺术天赋和审美追求。首先，他们追求形的对比与统一，长方形的兽首与圆形的玉璧形成方与圆的对比，而且这种对比又处于两者的互相包容之中；第二，兽面纹的粗放和流动的纹饰线条与圆璧点形的谷纹的对比，一动一静，互为衬托，而且镂空的兽面与整一的璧面又形成透与不透、虚与实的对比，使整个作品既端庄严整又轻盈飞动。既有博大浪漫的方圆组合，又有精细入微的线条刻画；既有美玉的温润晶莹，又有形体的玲珑剔透，是一件少有的玉器精品。同墓的镂空玉佩、镂空龙凤纹玉套环、双龙璜形玉佩、龙附金玉带钩等都是难得的镂空玉器佳作。

葬玉在一定意义上也是礼玉的一部分。葬玉的历史亦十分悠久，种类很多。一般而言，凡是用于陪葬的玉器，包括生前所用佩玉等也包括在内，而真正的葬玉是指专门作为明器的玉器，如瞑目、玉握、玉含等。汉代是崇尚厚葬的一个典型时代，其葬玉的设计和制作可说登峰造极，其代表作是用玉制作的殓服，所谓“金镂玉衣”。西汉中山靖王刘胜及妻子窦绾墓出土的玉器，完整地体现了西汉盛期的葬玉序列，从“金镂玉衣”到玉九窍塞，包括玉璧、环、圭、璜、玉枕、笄、带钩及其他玉饰数十件。两墓各出土一具金镂玉衣，玉衣外观与人体形一致，全部由长方形、方形、梯形、三角形、四边形和多边形玉片拼接而成，玉片角上穿孔，用黄金丝编缀。刘胜玉衣（图3—73）宽松肥大，长188厘米，用玉片2 498片，金丝一千余克。窦绾玉衣用玉片2 160片，金丝七百余克。这种汉代帝王和高级贵族独有的殓服，从设计、制作到完成都是一个浩大的工程性活动。小至每一玉片都必须经过设计、加工、组合连接，构成一件适身合体的“玉衣”，按工作量计算、一件玉衣需要花费一个玉工十余年的时间。

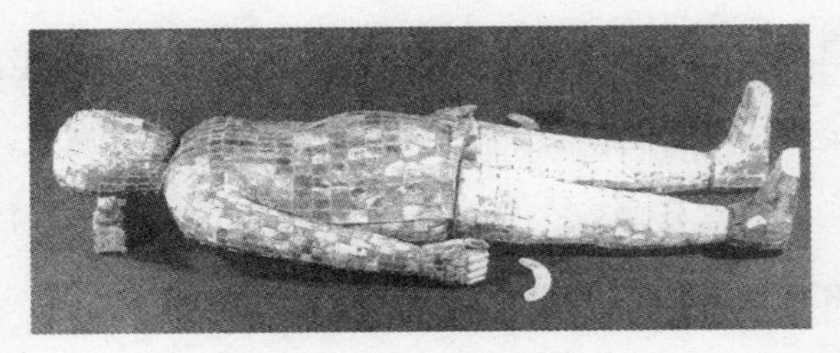

图3—73　刘胜玉衣

通长1.88米，西汉中期作品，这套金缕玉衣是考古工作中第一次发现的保存完整的玉衣，1986年河北省满城县陵山一号墓出土，河北省博物馆藏。

从原始社会的祭祀用玉，到历代的礼玉、佩玉直到葬玉，这一庞大的用玉系列，形象地反映了我们民族古代崇尚玉器的观念和文化传统，受制于礼制、受制于宗教和社会观念的玉器，往往成为一种精神、观念的象征，一种具有神性的物品。在我们的造物史上，可以说还没有哪一种造物像玉器那样，有着如此深厚和神圣的精神属性和社会属性。

二　玉山玉海

在玉器工艺中，除了上述的礼玉、佩玉、葬玉外，还有相当大的另一部类，即用于陈设欣赏和生活实用的品类。现存的玉器主要是这一类的作品，大的如“玉山”、“玉海”，小的如珠，几乎是应有尽有。

最大的玉器为“玉山”，北京故宫博物院收藏着被称作“玉山”的大型玉器，有“秋山行旅图玉山”、“大禹治水图玉山”和“会昌九老图玉山”等。这几件玉山均是清乾隆年间所制。秋山行旅图玉山，高130厘米，宽70厘米，厚30厘米，采用新疆玉材，由清宫廷画家金廷标画稿，乾隆三十一年（1766）在北京开始琢制，后由于进展缓慢，运往当时的另一琢玉中心扬州继续加工，四年后完成，由水路运至北京，陈设在清宫乐寿堂西暖阁内。这是一整块巨型叶尔羌玉琢制而成的杰作，玉质呈青白色，玉匠们因材施艺，根据玉材纵横起伏绺纹多的特点，琢成陡坡峭壁和耸立的山峰，利用淡黄色的瑕斑，巧琢成秋天的草木和落叶秋林的景色。在山径秋林中，有一队队行旅，载物的马、骡、驴等正艰难地穿越崎岖险峻的山道和栈桥。整个作品，因材而布局，结构严谨，层次分明，琢工精致，展现了清代琢玉的高超技艺，乾隆皇帝对这件玉山十分欣赏，曾两次题诗。乾隆三十五年的赞诗中写道："和阗贡玉高逾尺，土气外黄内韫白。量材就质凿成图，不作瓶罍与圭璧。关山行旅绘廷标，峰岭叠叠树萧萧。画只一面此八面，围观悦目尤神超。岩龉之处路疑断，云栈忽架接两岸。策驴控马致弗同，跋涉艰劳皆可按。"诗中称赞材美工巧，圆雕的立体图画，使人赏心悦目。

"会昌九老图玉山"（图 3—74）描绘唐代会昌五年白居易、胡果、郑据、刘真、卢贞、张浑、狄兼谟、卢真等九人在洛阳香山聚会晏游的场面。玉山高 114 厘米，最宽处 90 厘米，厚 60 厘米，玉质呈青色，匠师们运用凸雕、透雕、平雕等技法，按高低远近的透视关系和比例，雕琢出各具姿态的九位文士或品茶、或对弈、或抚琴、或观鹤的生动情景，因玉材而所雕琢之山并不高峻，

图 3—74　会昌九老图玉山

却有仙山之气，在山间坡旁间以桐荫、亭阁、竹林、花草及持童等，山下水流潺潺，更添山色之秀气，是不可多得的玉雕珍品。

图 3—75　大禹治水图玉山

最大的玉山是“大禹治水图玉山”（图 3—75），高 224 厘米，宽 96 厘米，整块玉材原重 10 700 公斤，根据宋人的画稿，在扬州用了 6 年的时间（1781—1787 年）才琢制完成，若加上玉料的运输时间前后共费时十年。从造型上看，整个玉山以天然玉石为基本造型，匠师们随形施艺，采用浮雕、凸雕、深雕等技法表现耸立的山峰、峭壁、树木、山石和山径栈道，用立雕的方法表现人物的多种姿态动作。玉石有天然的绺纹和色泽，用得巧妙，可以获得意想不到的效果。此玉山就充分利用了众多的绺纹和多变的色彩，表现嶙峋的巨石、参差的树木及大小远近的不同景物，甚至连物体明暗的层次也很好地表现出来，获得了绘画难以表现的效果。而表现大禹治水的场面同样开阔壮观，展现着民工们开山劈石的艰巨的劳动场景，生动而气势撼人。在玉山的正面山巅还镌刻着 322 字赞颂大禹治水功绩的诗文。这件玉器是中国玉器工艺史上不可多得的精品之一。

除玉山外还有所谓的“玉海”。在北京北海南门西侧有一团城，乾隆十四年（1749 年）在主殿承光殿前建有一玉瓮亭，这是为放置大玉海而专门修建的。这只黑玉酒瓮，又名“渎山大玉海”（图 3—76），是元代初年制作的大型玉雕作品。其玉质青

图 3—76　渎山大玉海

白中带黑色，造型如酒瓮，口为椭圆形，高 70 厘米，长 182 厘米，宽 135 厘米，周长 493 厘米，重约三千五百公斤，系整块玉石雕成，内膛深 55 厘米。体外周身浮雕波涛翻滚的大海及海龙、海马、海猪、海鹿、海犀、海螺等，工匠们用精致而劲挺的线条表现海浪、激流、漩涡和海兽的皮毛、鳞甲、翅膀，生动形象、气势磅礴。膛内光素无纹，阴刻清高宗弘历御制诗三首及序，序中说明了大玉海的形状与流传经历：“玉有白章，随其形刻为鱼兽出没于波涛之状，大可贮酒三十余石，盖金、元旧物也。曾置万岁山广寒殿内，后在西华门外真武庙中，道人作菜瓮。命以千金易之，仍置承光殿中。”可知，此玉海由弘历下令以千金购回，仍置承光殿。乾隆时特建亭以陈设。这件大

玉海是我国目前所保存的最早的一件大型玉雕，距今已有六百余年的历史，从工艺上看，因材施艺、量料取材，整个造型古朴庄重、纹饰设计气势宏大，雕刻精致、细腻，是元代不可多得的艺术杰作。

巨大的玉山、玉海都是作为室内观赏陈设所用的。帝王之室需要巨大的空间。如此巨大的具有图画性的观赏作品，也只有帝王才能不惜人力物力实现如此的需求，以至创下了可谓举世无双的奇迹。

作为室内陈设之用的玉器，在明清时代不仅有玉山这类的作品，还有几案上陈设的仿古尊彝、玉鼎、玉簋、玉钫、玉壶之类的仿古玉器；玉质的文房器具如笔筒、笔洗、笔架、水盂、墨床、镇纸等；在清宫贵族家居中还有玉家具，如屏风、宝座、桌、椅、插屏、挂屏、床、榻等，桌、椅、床、榻等，一般是以硬木作框架，把各色玉琢制成玉板或装饰图案等镶嵌其上。乾隆时期曾制成一玉炕屏，用紫檀木为边框，屏心以一碧玉雕琢成汹涌的波涛，在其上用白玉雕成九条巨龙在云水中翻腾跳跃，气势宏大，制作十分精美。

以玉作陈设品和实用型的容器，早在先秦时即有先例，《韩非子·外储说左上》篇中曾提到玉卮（玉制的酒杯），现考古发现，汉代已有玉制的高足酒杯、角形杯和盒，玉枕、玉卮等器物，实用的带钩、剑饰更是多种多样。隋唐时期，上层贵族阶级喜用玉质碗、杯、盅、盏、盒等器物。如隋代公主李静训墓出土的金扣玉盏，玉盏口沿上有黄金打制的扣边。西安何家村窖藏发现白玉八瓣花形杯（图 3—77）和玛瑙羚羊杯(图 3—78)，羚羊杯的造型受西方影响，杯作羚羊仰首状，口镶金套，双角细长，

图 3—77　白玉八瓣花形杯

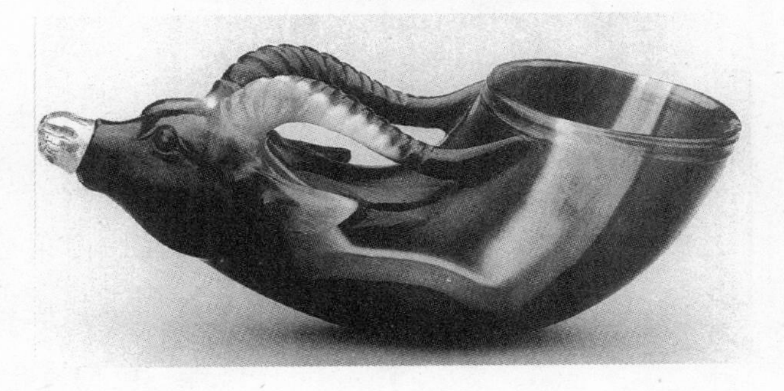

图 3—78　玛瑙羚羊杯

双目凝视，十分生动、逼真。宋代的器皿型玉器比唐代多，以杯为主，还有炉、瓶、盂等。如安徽休宁南宋朱晞颜墓曾出土

青玉素碗、玛瑙环耳杯、青白玉兽面纹卣三件玉器。

明清时期是玉制陈设品、实用器具最为丰富、多样的时代，尤以清代更甚。清代雍正以后，玉器已进入生活的各个层面，既有饮食用器的杯、盏、壶、碗、盘、碟等，又有玉盒、玉罐、奁、熏炉、烛台、鼻烟壶等，还有各类佩饰、文房用品、宗教用品和大量的陈设品。从造型上看，清代玉器可分为仿古和创新两大类，仿古以仿古青铜器和仿古玉器为主；创新的以仿生和吸收外来文化影响加以变革的为主。仿生玉器主要是以自然界的植物、动物的自然形态作为器物的造型，刻意仿制，以惟妙惟肖、几可乱真为最高标准。如黄玉佛手式花插，以佛手为造型，佛手外侧雕枝叶，虽以硬玉雕琢而成，但自然可爱，宛若生物。白菜花插仿白菜造型，好似白菜从地中长成一般。荷叶式洗雕一巨型荷叶，底部雕一束荷叶梗，荷梗末端以飘带缠绕，顶端各有小荷叶及荷花紧贴在大荷叶背部。

图 3—79　琢玉图（《天工开物》）

荷叶背面凸雕叶脉，沿曲叶之缘圆雕莲蓬、荷花、河螺、青蛙、螃蟹，蛙蹲伏在荷叶上张口鼓噪，蟹则八足卷曲作小憩状，连蟹甲上的绒毛皆用阴线刻出，雕工极为精致。清代大量出现这类仿生的玉器作品，可以说是玉器工艺技术高度发展的产物。统治阶级和社会的需求使匠师们得以施展和比试技艺才华，这亦是几千年玉器工艺技术发展的一个历史性的总结（图 3—79）。

第四节　竹木民具

一　民具与民间工艺

民具，一般而言指民间生活用具，包括民间所用的传统型的生产工具、交通工具、生活器具等等。民间工艺指的是那些在民间百姓生活中所创作的具有艺术性或审美性，同时又具有一定实用功能的作品，如剪纸、皮影、木版年画、风筝、泥玩具等。民具，以生活的器具和劳动的工具为主，功能是第一性的，它们是民间劳动者创造性智慧的物化与结晶，但不是陈设欣赏性的物品。我国工艺美术研究工作者，在研究民间工艺美术时，早先多偏重那些具有较多美术造型性质和审美形式的作品，如剪纸、年画、泥玩具等，而对于劳动工具一类的民具则关注不够。20 世纪 90 年代以来，民具的研究开始受到关注，并纳入到民间工艺美术的研究之中。

作为一个特定范畴，民间工艺美术在历史上相对于宫廷贵族阶级的工艺美术，在现代则有别于艺术工作者的专业创作，是广大民众的业余生活创作与劳作成果。民间工艺的创作和生产主体是广大的农民、渔牧民和市民及手工业劳动者。民间工艺美术是民间艺术的一部分，民间艺术是一切艺术的基础和来源，作为广大劳动者的生活文化和艺术，它广泛地扎根于民众的生产劳动和生活之中，具有民间劳动者自娱、自用的生活本质。也即是说，民间工艺作为艺术生产，遍及生活的每一方面，范围广泛，形式多样，主要品类有劳动工具、衣饰器用、节令风物、各种装饰品、玩具、文体用品等。

张道一先生曾将民间工艺分为八大类：1. 衣饰器用；2. 环境装点；3. 节令风物；4. 人生礼仪；5. 抒情纪念；6. 儿童玩具；7. 文体用品；8. 劳动工具。[①] 这些广泛涉及生活各方面的用品或制品，从年头到年尾，衣食住行用，四时方物应有尽有，层出不穷。如衣饰器用方面，五十多个不同民族的服装、佩饰，不同个性的挑花、绣花、补花、织花用品；不同风格的蓝印花布、彩印花布、蜡染、线织锦；各种童帽童鞋、绣花小帽；各民族的日用器物如各种陶瓷器、竹木家具、用具；皮、藤、草、柳编织物如筐、篓、席、垫等；作为节令方物的年画、斗方、门笺、泥塑、泥玩、灯彩、五色丝缕、瑞饼果模（图 3—80）、灶王纸马等；用于抒情纪念、表达心意的绣荷包、香包、绣球、扇袋、挑花巾、各种织绣包带等；各类泥、木、布玩具、面塑、糖人；为人生礼义所用的剪纸、喜幛、婚嫁用具等；还有作为文体用具的戏剧假面（图 3—81）、木偶、皮影、龙船、风筝等；

---

① 参见张道一：《美术长短录》，济南，山东美术出版社，1992。

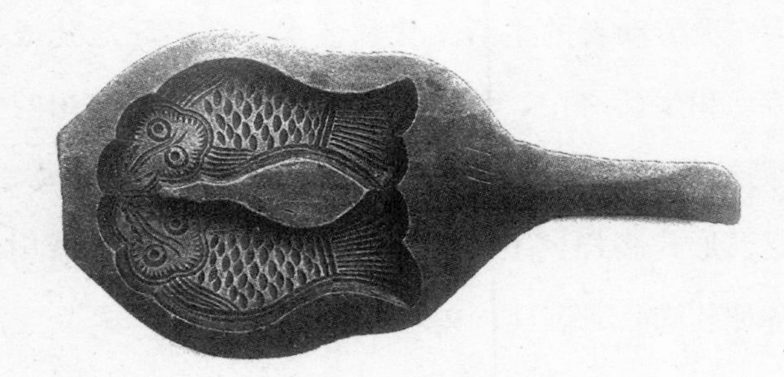

图 3—80　双鱼果模

图 3—81　民间戏剧假面

各种室内装饰物如窗花、木版年画、农民画等；还有各种铁、木工具，舟船装饰，纺织器具等，几乎在所有民间生活和劳动领域，都能发现那种美的艺术质的创造品物。

民间工艺的主体是农民，广阔的农村土地和众多的农业人口、数千年积淀承传的农业文化和农业生产结构，形成了民间工艺特定的存在方式，养成了属于自身的艺术形式。民间工艺的首要特征，是它的生活本质。我们发现，众多的民间工艺品几乎都是在生活和生产劳动中产生的，亦是为生活和生产而制作和创造的，在这里，没有为艺术的艺术，没有装腔作势的虚伪与矫饰。民间工艺品以生活用品为主，以满足生活中的需要为目的，因此，实用性成为其基本的属性和价值。

民间工艺品又总是一种美的创造，它是劳动者自己对美的一种理解和追求的真实表现，这种美的表现是劳动者真挚情感的物化形态。在民间工艺中，几乎所有美的创造总有一种真挚的情感在其中闪烁，无论是亲情还是仁爱之情，都率直真挚而热情洋溢，劳动者以美的形式作为表达和寄托情感的最好的方式，即这种对美的理解是通过劳动者自己朴素情感的表达而实现的。这种对美的理解和表达形式常常是朴实无华的，以最简单易取的材料、精心灵巧的制作，创造出那种融于生活之中又比一般物品更美更感性亦更感情化的东西。从形式上看，民间工艺的形式常有一种近乎原始的历史样态，这种具有历史和传承的必然性的形式，表明了民间工艺的作者们对传统文化形式的尊重与敬仰，亦表明了其恒久不变的形式与恒久不变的情感因素的一致性。

民间工艺是劳动者争取生存的方式和创造新生活的方式。在这一意义上，民间工艺的实用价值源自生活的根本价值，它的艺术品质，不是一种游戏，而是对于未来生活的希望的表现。

在民间工艺的实用性中，劳动者表现了自身对于生存的奋斗精神和理性智慧，民间工艺的艺术性是劳动者对于生存的乐观精神和感性动力的生动体现。可以认为，生活中的奋斗精神是对艰难、压迫的奋争与反抗，它激发理性智慧产生解决问题的具体方法，产生了民间工艺造物的实用性和合理性甚至科学性，生活由此得以进行，生存得以保障；乐观精神来自于对自身创造和奋争力量的自信及对于未来的希冀。生活中仅有奋争与反抗，没有自信和希望这种生活将不能持久，正因为劳动者的奋斗和希望的统一而形成了艺术创造的感性动力，这里充溢着欢悦与自足。民间工艺之美在这里充当着欢愉使者。

顽强的生活精神和乐观的生活情趣是民间工艺的本质特征。“莲生贵子”、“ 麒麟送子”、“百子图” 等多子图式所表现的正是这两种精神，多子并不是劳动者具体的目的，而是劳动者对未来寄予希望的一种象征。基于这一认识，我们便能发现劳动者创造的生活的艺术形式——民间工艺，在本质上是面向未来的，是人性和人类智慧中最为宝贵的东西；它的精神、目的和艺术形式都是值得关注和歌颂的。

这里，首先以劳动生产工具为例。中国几千年的农业社会，其生产方式是以男耕女织为基本特征的，男子从事耕种，女子从事纺织，以保衣食平安。纺织一般以丝、麻、棉 等自然物为材料进行加工，其主要的工艺过程是纺纱、织布然后成衣。纺纱的原始工具是纺轮，所谓纺轮仅是一圆形陶片，中间有孔用以立柱，原始初民们就用这小小的纺轮将棉絮纺成线纱。以后逐渐出现了织机（图 3—82），一直留传到现代，一些偏远山区

图 3—82　汉代织机（汉画像石上表现的织机形象）
①山东滕县宏道院出土　②山东滕县龙阳店出土
③山东嘉祥武梁祠　④山东肥城孝堂山郭巨祠
⑤江苏沛县留城镇出土　⑥江苏铜山洪楼出土

或农村地区，还存在着手工纺纱捻线的工艺和工具。如在全国广大地区广泛使用的手摇纺车，一般为木制，纺轮较大，车身较长，其样式基本上与元代纺车无异。这是设计极为简单、功能又极为合理、实用的工具。说其简单，可以说没有一点多余之物，缺少任何一个小的部件，整个纺车亦不能正常使用，在结构上，仅一个起聚纱和运转的纺轮，一个起连接作用的车身和一由纺轮带动的转轴。织机中以腰机最为简单和原始，海南

黎族等保留传统织锦工艺的地区至今仍在使用的织锦用腰机，使用时，卷布轴的两端系上一块皮带作靠背，利用腰部与腿部的张力使布机的经线绷紧，整个腰机仅一根大竹杠和几片竹木绷架和一块梭板、一只梭子所组成。明代宋应星《天工开物》上的腰机（图 3—83）则相对复杂。图 3—84、图 3—85 为农用工具，从这些工具的设计与制作中，我们可以充分了解我国劳动人民勤劳的智慧和朴实无华的优秀品质。

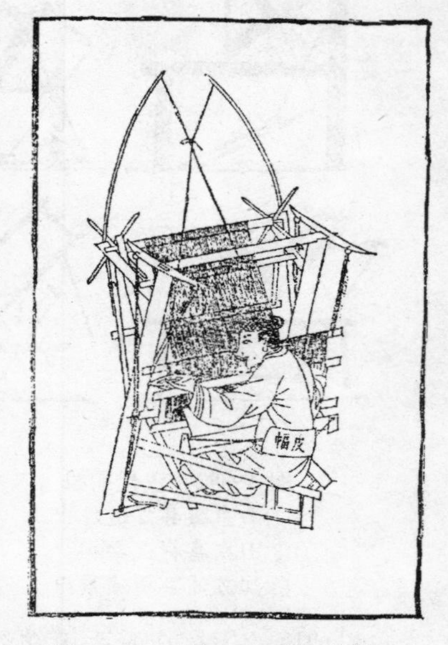

图 3—83 《天工开物》上的腰机图式

我们常见的木工具也是民间工艺中的一项杰出的设计。在我们的生活中，木器家具是一大部类，而制作这些木器的木工具为数则不多，仅锯、刨、斧、凿、钻等数种（图 3—86）。为数不多的工具却生产出了不可胜数的木制品，从工具本身的设计看，实用功能的设计可以说已臻极致，如刨，有平刨、线刨、推刨、蜈蚣刨等，不同的工具适合着不同的需求。另一方面，各种工具又有极精练和优美的功能造型。如鱼形、龙凤形墨斗的造型浪漫而优美（图 3—87）；刨子的造型简练、线条刚劲

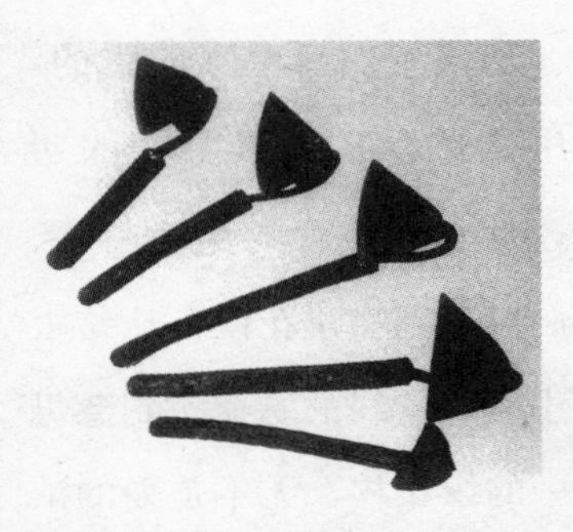

图 3—84　吉林省延吉县农民使用的高丽锄头

图 3—85　江苏农用手推车

木制，简洁而功能化的造型，保留着久远的历史传统，在苏北农村，这种手推车一直使用到 20 世纪 70 年代。

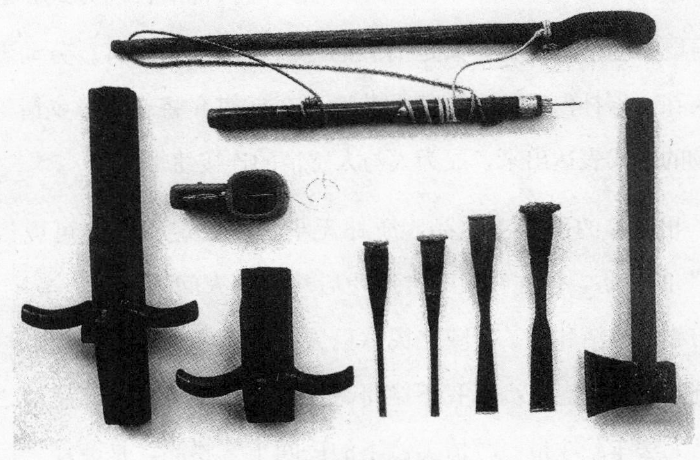

图 3—86　木工具

挺拔，不同的匠师有着不同的设计与制作，举不胜举。

民间工艺的美来自于生活的真，这种真具体化为情的表现形式。在民间工艺中制作者倾注着对后代、长辈、亲人的情与

图 3—87　木工用墨斗

爱。从孩子们身上穿的戴的，手中拿的玩的，口中吃的叫的；从农家村舍的窗花门笺、年画灯彩到糕饼花馍；从姑娘手中飞针走线的绣荷包到慈母手中的织布梭，无不是爱的浓缩、情的祝福。民间工艺构成了劳动人民情感交流、传递、表达的独特语言和方式。这种语言既是生活的语言，又是情感的语言、艺术的语言。劳动者通过实在、素朴但是热烈真挚的艺术形式或媒介将亲情、乡情等以实物的形式表达出来，成为人与人感情的连接纽带。

相当多的民间工艺品，质朴无华，在一定程度上可以说是“穷”的产物，但在物质的贫瘠背后却有着人间最深厚、最宝贵、出自心田的情和意。如陕北民歌信天游中所唱“鸡蛋壳壳点灯半炕炕明，烧酒盅盅淘米我不嫌哥哥穷”所表述的那样，感情之富实已无法车载斗量。醇情美意下的民间工艺物品，是劳动人民感情凝聚的化合物，情是创造的动力、美的形式源泉。正因为如此，民间工艺才有着如此特殊的艺术形式和表现方式。在艺术造型上民间美术品装饰性极强，造型几乎不受任何规律的制约而随心所欲，只要能将心里话讲透，将爱倾注，心意满了手就停；在色彩上，喜用响亮鲜艳的对比色，大红大绿热烈隆重，喜气洋洋。这是劳动者审美愉悦的情感化色彩，带着吉祥如意的祝福，同时又适应着环境的要求（图3—88）。

图3—88 民族服饰

张道一先生在论述民间美术时曾指出："民间美术是我们民族文化的一个重要组成部分，它是人民淳风之美的结晶，其中蕴含着民族的心理素质和精神素质，反映着质朴的审美观念。民间美术是一切美术的基础。不论历史上的宫廷美术、文人士大夫美术、宗教美术，还是现代社会主义的新的美术创作，它们的发展都离不开这个基础。民间美术既是艺术之源，又是艺术之流。它的过去是珍贵的民族艺术遗产；它的现在是丰富多彩的群众生活，是民族艺术的活的传统。它以自发性而产生，以自娱性而存在，以情真质朴的淳美深厚而见长。"[1]民间工艺美术是艺术的海洋。有着亿万的创作大军，又有着辽阔的生存发展的土地，它既有着自己的过去和现在，而又有着充溢着希望的未来，作为源，它将如无尽的宝库一般，成

① 张道一、廉晓春：《美在民间》，53页，北京，北京工艺美术出版社，1987。

为其他艺术发展成长的土壤；作为流，它在生活的创造中将会继续勃发出独有的生命力，成为大千艺术世界的一部分。

二　家具与明式家具

家具是造物设计中的一个重要品类。

自从有了家，就有了家具。家的概念既具体又抽象，有“大家”之家，有小家庭之家。原始血缘氏族部落往往就是一个大的家庭，而我们今天生活在其中也是最熟习的是我们早出晚归的“家”，这是最具体实在的家。在这“家”里，自然少不了床、桌、椅等各式家具，没有家具仅空其屋，似乎不成为“家”。由此，我们发现：人为了生活，必须有生活的空间，这个空间在一定意义上就是家，有了空间就必须有相应的生活器具，其中最主要的就是家具。家，无论抽象还是具体，都与实在的家具联系在一起。

从起源意义上看，人最早是居住在山洞中的。《易・系辞》谓：“上古穴居而野处”，其时自然不会有所谓的家具。新石器时代，原始初民们开始从事农业生产，逐水而居，从而出现了房屋和聚落，“家”的生活空间逐渐有了雏形。在距今约六千余年的西安半坡氏族聚落的遗址，发现密集排列的住房四五十座，房屋有方形和圆形两种，一般 20 平方米面积。龙山文化父系氏族公社时期的房屋多为圆形平面的半地穴式房屋，面积较小，考古界认为大多数是与一夫一妻小家庭生活需要相适应的。长江下游的浙江吴兴钱山漾新石器时代遗址还发现地板上铺就的竹席，“席”被认为是最早的家具之一。

进入奴隶社会以后，建筑已有宅、宫等区别，在甲骨文中也出现了“家”字。现在能见到商周时期早期的家具是俎和禁。俎是切牲和陈牲时用的小桌案，有各种不同的造型。禁既是家具又是一种礼器，是祭祀时用于放置供品和器具的台子。商周时俎和禁都有用青铜制造的。春秋战国时，家具的种类开始增多，有案、床、俎、禁、几、箱屏风等多种。案是一种新兴家具，有木、铜、漆多种，尤以漆案为贵。长沙楚墓出土漆案有矮足和高足两种，河南信阳长台关出土的雕花木案，两端各有四立柱，柱下有横木承柱，案面雕刻纹饰，线条十分流畅而优美（图3—89）。河北平山战国中山王墓出土的四龙四凤铜方案，案座为青铜铸造，由四龙四凤组成，四龙昂首托举案台，四凤在下呈展翅欲飞状，结构设计得十分巧妙，铸造工艺亦复杂精致（图3—2）。

图3—89　河南信阳战国墓出土的雕花木案

床也有很悠久的历史，传说神农氏发明了床，少昊始作箦床；《战国策·齐策》谓孟尝君出行至楚国，献象牙床；汉《西京杂记》谓“武帝的七宝床，设于桂宫”。1957年河南信阳长台关出土一张战国彩绘漆木床（图3—90），长218厘米，宽139

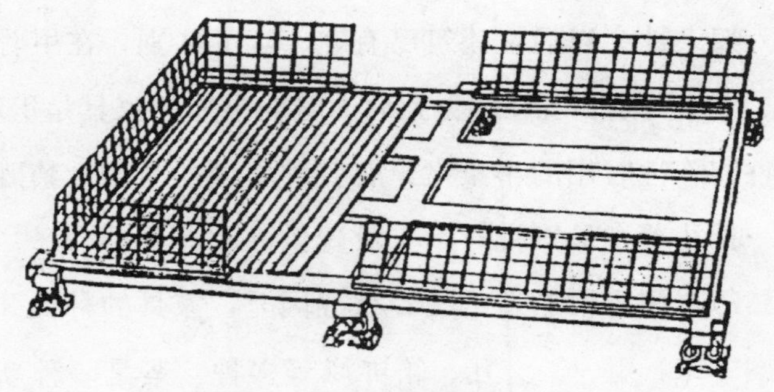

图3—90 战国彩绘漆木床

厘米，足高19厘米，床面为活铺屉板，四面装有围栏，前后各有一上下口，床通体髹漆彩绘花纹，装饰华丽，工艺精湛，表明当时床的设计和制作已达到较高水平。汉代在床的基础上又出现了榻，榻是一种座具，形式与床相似，亦可算是床的一种。有时床榻联称，六朝至五代时的床榻，形体宽大，五代顾闳中的《韩熙载夜宴图》中所描绘的床榻，五人同坐仍宽大有余（图3—91）。

中国的家具设计以宋代为一转折点。在唐宋以前，中国人的起居方式以席地而坐和席地而卧为主，因此家具都是低矮型的。汉代开始从西方传入高坐型家具，如“胡床”（类似马扎）等，使中国传统的起居方式发生改变，首先在上层阶级中出现了垂足而坐的新习俗，魏晋时期，在西方影响下，出现了椅、

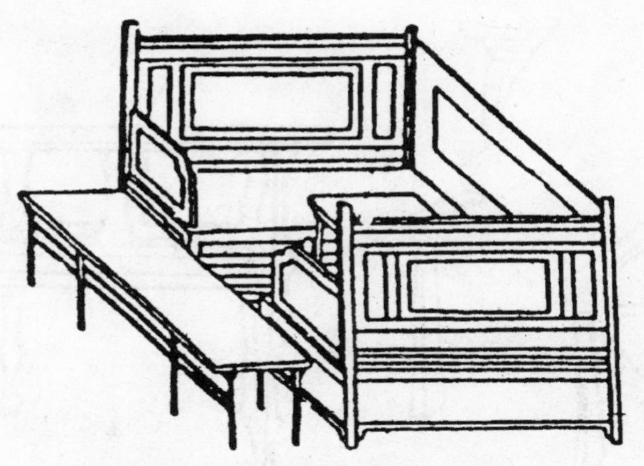

图 3—91　《韩熙载夜宴图》中的床

凳、墩等高型坐具，传统的席地而坐方式受到了挑战。唐代，席地而坐和垂足而坐的起居方式并行，在上层社会和佛教僧侣阶层以垂足而坐为主要方式（图 3—92），整个社会亦向垂足而坐的方式过渡。宋代已基本完成这一过渡与转变，而变为以垂足而坐为主了。唐代的家具设计，其品类有椅、桌、案、床、榻、凳、墩、几、柜、屏风等，造型宽大厚重，装饰上追求华丽丰满；宋代家具品种几已齐备，多为高型家具，每个品种有不同的设计，形式多样，造型上趋于简洁精干，风格挺秀（图 3—93）。

在中国家具史上，明代是一个最为辉煌的时期。明代设计和制造的家具形成独特的风格被称为“明式家具”，被视为中外家具设计的典范，至今仍不失其经典意义。“明式家具”作为一专业名称，主要指那种以硬木制作、风格简洁、设计精巧、制作

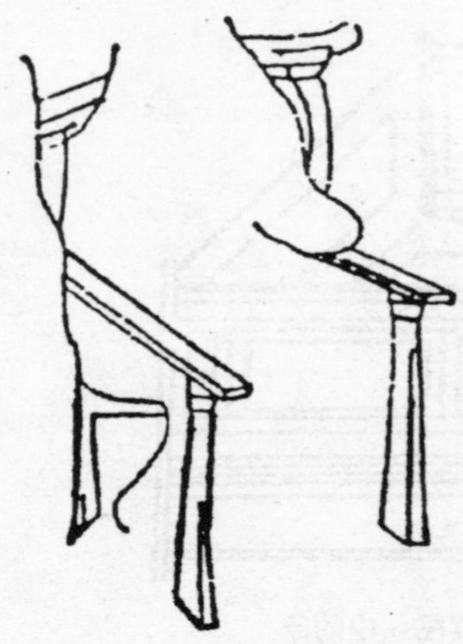

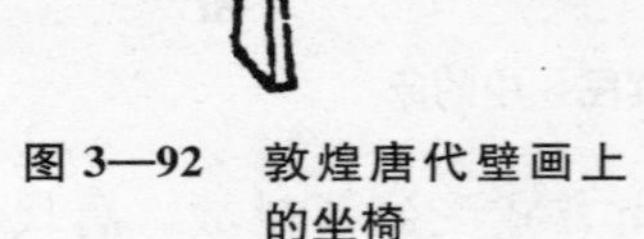

图 3—92　敦煌唐代壁画上的坐椅

图 3—93　内蒙古巴林右旗辽墓出土的木桌

精致的明代家具，清初一部分具有相同风格特征的家具，一般也归入其中。

明式家具依使用功能基本上分为五大类：1. 椅凳类；2. 桌案类；3. 床榻类；4. 柜架类；5. 其他类。每一类又有不同的型制和样式。如椅凳类即包括杌凳、坐墩、交杌、长凳、椅、宝座等。仅椅一项又分为靠背椅、扶手椅、圈椅、交椅四种。每种椅子有若干种样式。王世襄先生《明式家具研究》中所列举的不同椅子有 43 例。可见造型形式之丰富多样，蔚为大观。

从造型上看，虽品类、样式不同但又总遵循着一定的规律，有着统一的手法。如造型以方形和长方形为多，约占总数的

80%，这些种类和样式又可以归为有束腰和无束腰两大类；实际上也可以称为不同造型的两大体系。束腰的造型根据专家研究是从唐代流行的台座或壶门床、壶门案演变而来的。[①] 在造型上，“凡是无束腰的家具多为：圆材直足、有侧脚、无马蹄、无托泥。凡是有束腰的家具多为：方材、直足有马蹄外，还有多种弯腿、无侧脚、内兜或外翻马蹄，有的有托泥”[②]。这种做法，从明代开始至清代，从南到北，广为家具制作的工匠们所共同遵守，似乎形成一种不成文的规矩，这也反映了中国家具设计和制造的一种为人所共同遵循的规律性。这种规律性可以说与我们民族的文化和生活传统相关联。

中国家具自古以来，便基于中国文化的传统和中华民族生活方式的需求，家具结构简洁 、有力，实用功能性强，装饰严谨、合理，由结构而直接显现的有力形式和实用的功能性成为装饰的一种基本范式，在这种独特形式中，蕴含着朴实、纯真的民族性格和追求率直、典雅、精致的艺术精神。杨耀先生在《明式家具研究》中曾认为明式家具的显著特点是：1. 造型大方，比例适度，轮廓简练舒展；2. 结构科学，榫卯精密，坚实牢固；3. 精于选材配料、重视木材本身自然的纹理和色泽；4. 雕刻、线脚处理得当，起着点睛的作用；5. 金属配件式样玲

① 参见王世襄：《明式家具研究》，96页，香港，三联书店，1995。
② 参见王世襄：《明式家具研究》，98页。

珑，色泽柔和，起到辅助装饰的作用。③ 明式家具，在工艺技术和造型艺术上的造诣及成就已达到当时世界上的最高水平，至今仍是世界家具史上的杰作。

如今，明式家具经过几百年的流传后，大都仍具有实用价值，不过，由于其独有的艺术价值和历史文物的价值，那些产生于明代和清初的明式家具如今已不仅仅是可以实用的一般家具，而是一种艺术陈设和欣赏品了。

王世襄先生在《明式家具的“品”与“病”》一文中，从欣赏品评的角度，分析明式家具在设计和造型上的优劣。他将明式家具的精妙处归为简练、淳朴、厚拙、凝重、雄伟、圆浑、沉穆、浓华、文绮、妍秀、劲挺、柔婉、空灵、玲珑、典雅、清新十六个方面，即得十六“品”。每一品皆有一具体家具实物相对照。如第一品简练，以紫檀独板围子罗汉床为例（图 3—94），此床用三块光素的独板做围子。四条腿皆用粗大圆材直落到地，结构和

图 3—94　紫檀独板围子罗汉床

③　参见杨耀：《明式家具研究》，9 页，北京，中国建设工业出版社，1986。

装饰皆十分严谨和简练。每一结构都有很明确和合理的功能性，无余饰，因此在造型上亦很优美，真正做到了简练而不简单，单纯而不纤细，独有韵味。第二品为淳朴，以紫檀黑漆面画桌为例（图3—95），画桌的设计极为简洁，而且与通常的设计方式

图3—95 紫檀黑漆面画桌

图3—96 紫檀牡丹纹扶手椅

有别，制造者别出心裁地将罗锅枨加大并提高到牙条的部位，紧贴桌面，省去了矮老这一短支柱。这一设计扩大了使用者膝部的活动空间，又减少了装饰性的线条，更使画桌增添了淳朴之感。第四品为凝重，以紫檀牡丹纹扶手椅为例（图3—96），这种椅又称“南官帽椅”，其造型类似官帽而得名。从设计上

看，这椅的座盘前宽后窄，大边孤线向前凸出，平面呈扇面形。椅背的弧线则向后凸。全身光素，仅靠背板上浮雕一牡丹纹。从结构上看，管脚枨不仅用明榫，而且还少许出头，类似于建筑中大木梁架榫头突出的样式。此椅气度凝重非凡，“和它的尺寸、用材、花纹、线脚等都有关系。但其主要因素还在舒展的间架结构，稳妥的空间布局”①。与此椅的凝重相比，作为第十二品的黄花梨四出头扶手椅却是柔婉之作的代表（图 3—97）。此椅构件细，弯曲弧度大 ，如扶手、靠背皆弯曲变化，一方面扩大着起座空间，一方面又适合着人体坐势和体形需要 。从侧面看，椅靠背的弯曲宛若人体自臀部至颈部的一段曲线。由此可见，明式家具上所出现的优美曲线，其产生主要是源于实用功能的需要。此椅柔美婉转的曲线，使坚硬的黄花梨硬木似乎具有了弹性和柔韧感。

图 3—97　黄花梨四出头扶手椅

明式家具品类众多，样式各异，因而具有不同的风格和个性。这种风格和个性不是一个孤立的

① 王世襄：《明式家具研究》，194 页。

存在，而是环境的产物，生活环境和文化环境的产物，它与明清时代的社会生活相关，可以说是明清时代中国传统文化的产物，深刻反映了明代和清初中国市民阶层家居生活的一面（图3—98）。

最早研究中国明式家具的德国学者古斯塔夫·艾克教授在其所著《中国花梨家具图考》中曾对明式家具的陈设环境有这样一段描述：

> 明代有闲阶级的家宅在严肃和刻板的简朴外表下显示出高雅的华贵。宽敞的中厅由两排高高的柱子支撑；左面和右面，或东面和西面是用柜橱木材制作的棂条隔扇，其背后垂挂色彩柔和的丝绸窗帘。墙面和柱面都糊有壁纸。地面铺磨光的黑色方砖，天花板是用黄色苇箔做成的格子吊顶。以这幽暗的背景为衬托，家具的摆放服从于平面布局的规律性。花梨木家具的琥珀色或紫色，同贵重的地毯以及花毡或绣缎椅罩椅垫的晕淡柔和色彩非常调和。室内各处精心地布置了书法和名画挂轴，托在红漆底座上的青花瓷器或年久变绿的铜器。纸糊的花格窗挡住白日的眩光。入夜，烛光和角灯把各种色彩融成一片奇妙谐调的光辉。①

---

① ［德］古斯塔夫·艾克：《中国花梨家具图考》，35页，北京，地震出版社，1991。

图 3—98 《百美图》中表现的明代室内家具及陈设

艾克所描绘的明代中国城市家庭特别是贵族阶级的家庭生活场景，可以说没有什么夸张和玄虚之处，更像是文人家居的一种描述。在书香之第中，室内陈设和陈设的家具及其他物品总体格调是既简洁又高贵，人们遵循着自古以来的传统文化习惯和方式，其室内布局、家具的摆设和陈设欣赏品的选择都有一定的规则和审美取向。在厅堂一类的公共空间，一般又称作所谓的“神圣空间”，中间壁上或设中堂挂轴，下设长条案，条案前置大方桌，方桌两侧各置一椅，在长条案中间供放佛像或祖先像，一侧摆放花瓶或小座屏（图3—99）。大多数家庭，其室内陈设或简或繁，但布局基本一致，这是规则使然。然而，即使有着丰裕的条件，亦不尚奢华，而以朴实高雅为第一，尤其对文人而言，更是如此。

图3—99　清代客厅陈设

明文震亨在《长物志》中谓好的室内陈设须繁简得法：“高堂广榭，曲房奥室，各有所宜，即如图书鼎彝之属，亦须安设得所，方如图画。云林清秘，高梧古石中，仅一几一榻，令人想见其风致，真令神骨俱冷。故韵士所居，入门便有一种高雅绝俗之趣。”家具作为室内陈设的主体之物，当力求简洁，

“室中精洁雅素，一涉绚丽，便如闺阁中，非幽人眠云梦月所宜矣”（《长物志》卷十），因此，精神的追求和品格的建树往往是第一位的。清袁枚在《随园诗话》卷六中谈诗之用典时认为：“陈设古玩，各有攸宜；或宜堂，或宜室，或宜书舍，或宜山斋；竟有明窗净几，以绝无一物为佳者，孔子所谓‘绘事后素’也。”李渔谓：“土木之事，最忌奢靡，匪特庶民之家，当崇俭朴，即王公大人，亦当以此为尚。盖居室之制贵精不贵丽，贵新奇大雅，不贵纤巧烂漫。”（《闲情偶记》卷四）明式家具与同时期的室内陈设的风格是协调统一的，不妨认为，从明式家具的造型艺术中折射出了同时代室内陈设的艺术风格（图 3—100）。

图 3—100　明清书房陈设

当然，明式家具又是一定社会经济发展的产物，明中期以后，社会经济尤其是城市经济的发展，海外贸易的扩大，大量珍贵木料如紫檀、黄花梨等木材源源运往中国；同时，手工艺在全国各地都有很大发展，形成不少的生产中心，明式家具的主要产地是苏州、广州、徽州、扬州等地，尤以苏州为首要。苏州地区很早就已成为工业的生产中心城市之一，晚明后更是贵重的家具生产中心，明张瀚《松窗梦语》中曾提到："江南之侈，尤莫过于三吴……吴制器而美，以为非美弗珍也……四方贵吴而吴益工于器。"现存世的明式家具大多出于苏州，这与苏州的社会经济的发展是联系在一起的。

第 4 章

走向现代

第一节　工业革命与设计

一　工业革命

18 世纪下半叶发生在英国的工业革命（又称产业革命），掀开了人类历史发展的新纪元。马克思曾将近代资本主义的发展分为两个时期，其分界点在 60 年代，在此之前，生产仍受手工工场制度的支配，接近 1760 年时，大工业时代才开始。工业革命首先发生在工业资本充足的英国，后来扩展到欧洲大陆、北美以及世界许多国家。从形式上看，这场革命开始表现为生产技术上的革新，是蒸汽和机器引起的一场工业生产的革命，这是人类从手工业文明进入机械工业文明的开端，其核心是机械化的生产方式。但是，它最终引发的是社会关系的一系列变革，使西方世界完成了从封建社会进入资本主义社会的转变，并深刻地影响着近代以来的人类文明的历史进程。

工业产品设计可以说是工业革命的产物。首先，工业革命确立了机械化生产方式，这种机械化生产方式所带来的产品的大量生产，促使产品设计与产品制造过程相分离，成为一个独立的部分。第二，工业革命的批量化生产也确立了批量消费的商业化模式。在商业化条件下，设计不仅成为工业社会中进行艺术、美学与社会交流的载体，而且成了一种重要的市场传销方式和商业竞争的手段，成为商品生产过程中的一个重要环节，人们可以根据市场需要来确定和调整设计，而商品生产的发展又会促使设计的进一步发展。从这一点看，设计从18世纪的工业革命起，即与商业存着不可分割的联系。

工业革命首先发生在英国，因为它首先具备了工业革命的条件，在当时的世界上也只有英国具备着这些条件。英国的资本家通过若干年的对内对外的剥削甚至掠夺，集中了大量的资本。资产阶级革命以后，英国政府不断向资本家借债，而通过向人民纳税还债，使大量资金集中到资本家手中；在国外，英国自16世纪打败了西班牙、17世纪打败荷兰后，18世纪中期又打败了法国，从而成为最强大的帝国，致使其对外贸易不断增长，带来了极大利润，为工业发展提供了充足的资本。

英国的工业革命首先是从新兴的纺织工业开始的。新兴纺织工业的建立亦开始于技术革新。1733年，英格兰中部兰开夏的工匠凯伊已发明了“飞梭”，将人的双手从不断抛梭中解放出来，并大大加快了织布的速度。18世纪60年代，纺织工詹姆斯·哈格里夫斯发明了称作“珍妮机”的手摇纺纱机，这种纺纱机同时可以纺十几根纱，大大提高了纺纱效率。1769年理查·阿克莱特又发明了借助水力的纺纱机，1771年阿克莱特建立了第一座水力纺纱厂，至1788年，这种水力纺纱厂已有142

座。在此基础上，赛本尔·克隆普顿综合各种纺纱机的特点，造出了功能更先进的“骡机”。至18世纪80年代，牧师爱德蒙·卡特莱特设计制造出了第一台动力织机，其产量等于40个织工手工的布匹产量。巨大的变革发生在格拉斯哥大学的机械制作工詹姆士·瓦特在80年代制成改良蒸汽机后。这种人类第一个把热能转化为有效率的机械运动的装置，1785年首先运用在诺丁汉的棉纺厂中（图4—1），不久便扩展运用到其他的机器上。至19世纪初，蒸汽动力开始应用于交通运输，1804年，特里维希制造了第一辆蒸汽火车头（图4—2），1825年英国的第一条铁路开始营运，至19世纪中叶，铁路已遍布欧洲大陆了。继火车后，1821年螺旋汽轮机的发明，又使造船和航运业获得了前所未有的大发展。

图4—1　带传动装置的纺织车间（1860年左右，德国）

图 4—2　德国的第一辆蒸汽机车：路德维希火车
1835 年 12 月 7 日由纽伦堡开往菲尔特。

机器在工业上的运用，得力于发达的冶金业，也促进了它本身的迅速发展。18 世纪中期，英国木材资源短缺，使木炭炼铁的产量下降，而制造机器又需增加钢铁产量。由于这种需要，英国冶金业通过改进和推广用煤炼铁的方法替代木材，这既促进了采煤业，也带动了英国河运网的建设。1810 年出现了炼铁高炉，不久又发明了无碳钢的冶炼方法，产生了平炉冶炼法。在 1800 年至 1850 年的 50 年代中，英国的钢铁产量从 25 万吨激增到 200 万吨，占世界总产量的一半，煤产量从 1 500 万吨增至 6 500 万吨。

到 19 世纪 30 年代至 40 年代，英国已经完成了工业革命，建立了纺织、冶金、煤炭、机器制造和交通运输五大工业部门。工业革命的成功使英国成为当时首屈一指的经济大国，是“世界的工厂”、世界范围的船主、商人和银行家，并由此奠定了它在世界经济领域的霸主地位。

英国工业革命的进程，很快便扩展到欧洲大陆和北美的一些国家，技术革新和革命性的变革由此拉开了序幕。继蒸汽动力之后，伏特·加瓦尼和法拉第等科学家致力于电力现象的研究与应用。这是继蒸汽机的发明之后的人类又一大发明创造，它使人类从所谓的“蒸汽时代”迈入了“电气时代”，其优越性几乎是无可比拟的。由电力的发明运用开始，1835 年发明了电报；1851 年英法两国铺设了连通两国的海底电缆；1876 年，美国科学家贝尔发明了电话；同年 12 月，爱迪生在纽约展出了他发明的白炽电灯。1879 年在柏林交易会上德国科学家维尔纳·冯·西门子展出了他设计的电动火车模型；1884 年西门子与哈斯克合作建成了法兰克福至奥芬巴赫的世界上第一条电气化铁路；三年后，以电为动力的伦敦地下铁道建成，开始运营；亦是在 1884 年，爱迪生预言，有了电，人们便可以开动缝纫机、洗衣机，可以用电来照明和蒸煮食物，在短短的 80 年内，爱迪生的预言成为人们日常生活的现实，电灯、洗衣机、电冰箱、电扇、吸尘器等成为人们生活的必需品。电力成为人类最重要的动力和能源之一，电气工业迅速发展，并不断在各个领域取得进展。1883 年，德国工程师埃米尔·雷森耐在取得爱迪生电照明系统的德国专利权后，建立了柏林通用电器公司；1892 年美国的汤姆逊·休斯顿与爱迪生公司合并，成立了通用电器公司，这些公司都是世界级的大型电气工业企业。

图 4—3　1875 年雷明顿公司设计生产的办公用打字机

在这一时代里，新发明、新创造、新设计层出不穷。如 1829 年美国人伯特发明了打字机，1875 年舒尔斯和格里登改进并由雷明顿公司生产出了第一批打字机（图 4—3）；1898 年，伯洛夫发明了加数器。1839 年达盖尔发明了第一架照相机；1891 年，伊斯曼发明了摄影用胶卷，1890 年，他又设计出了使用这种胶卷的布朗尼柯达照相机；在电声学方面，1898 年爱迪生发明了 A 型电唱机。

电器化是工业产品的辉煌篇章，极大地改变着人们的生活面貌和生活方式，提高了生活质量。在电器化时代开始之际，1859 年，法国工程师莱诺尔发明了一种依靠爆发性混合物的张力取代蒸汽张力的新发动机——内燃机；1878 年，德国人奥托发明了四冲程内燃机，其原理已与现代内燃机相近。1885 年，德国本茨和戴姆勒就机动车的动力进行了一系列实验，使用燃油的内燃机获得成功（图 4—4），一个装在汽车轮子上的新世界就这样开始了。人类飞行的梦想也随着机械动力的发展而进入一个新的纪元，1903 年 12 月美国莱特兄弟成功地进行了第一次飞行试验；1909 年布莱里奥特驾驶自己设计的飞机第一次飞过英吉利海峡……

图 4—4　戈特利布·戴姆勒与儿子阿道夫在奔驰牌汽车上
戴姆勒设计，1886 年。

从 18 世纪工业革命开始，到 19 世纪末，迅速发展的工业生产力和新兴科学、技术，日益改变着人类传统的生活方式，或者说向人类生活的各方面渗透。一个新的正在形成的人造物世界与一个新的以科学为发展主体的世界相应，成为社会生活的新景观。

二　工业革命时代的产品设计

工业革命时代的产品设计是在变革与混乱中发展的。新的材料、新的技术、新的生产方式与新的需求交织在一起，使产品设计从一开始就处于一种矛盾与变革的混乱之中。最突出的矛盾是人们习以为常的样式和风格与新材料、新技术之间的矛盾。

图 4—5　保尔顿设计生产的水瓶
（18 世纪中叶）

传统的产品形式和风格，在人们的生活中已形成定势，当新的材料和技术用于生产同一产品时，人们总是以旧有产品作为接受的心理依据，因此，即使是使用新材料、新技术制造新的产品，其旧有的形式和风格仍然清晰可见。如 18 世纪中叶英国小五金生产商保尔顿设计生产的水瓶（图 4—5），虽采用机械化生产，但其形式仍以洛可可风格的设计为主，保尔顿可以说是在金属日用品生产上最早使用机械的厂家，但其最好最畅销的产品仍然是传统的和属于新古典风格的样式。18 世纪中叶以后，在产品设计上，新古典主义风格是一种主要的流行风格，其样式特征，一方面崇尚几何的简洁性，适应了机械时代的美学时尚；另一方面，古典纹饰的大量使用，又满足了人们对传统和古典风格的心理需求。这实际上是设计上出现的一种过渡性特征，是对新兴机械化生产方式和人们的审美习惯、生活方式所作的双重适应，也是这两种情景、两种矛盾调和折中的产物。

另一个值得一提的是英国魏德伍德的陶瓷产品设计。受工业革命影响，英国的陶瓷工业发生很大变化，发展迅速。当时人们已开始习惯饮茶、喝咖啡、吃热菜，为此，出身于陶匠家庭的魏德伍德一方面致力于将陶瓷的手工生产转变为一定规模的工业化生产，建立新的工厂，一方面大胆进行陶瓷产品设计，以设计开拓市场，适应市场多变的趣味。在工厂化生产的建设上，魏德伍德及时采用了当时英国陶瓷生产中出现的陶土淘洗新工艺和模具泥浆重复浇铸成型的方法，通过机械化生产，减少了产品生产过程中的不确定因素。大量使用模具，使模型设计师的重要性大大提高，亦使设计师成为一种专门职业而受到重视。1755 年，魏氏工厂已有 7 名专职设计师，他还聘请社会知名艺术家从事艺术指导与设计，以适应当时社会的艺术趣味，这一努力也导致艺术家们与工业生产发生联系，沟通了纯艺术与工业生产的联系渠道。

就设计上而言，魏德伍德的产品呈现出两大类特征，一是与新古典主义相联系的有传统装饰趣味的作品，如 1790 年生产的“波特兰”花瓶等，有显见的洛可可风格；一是“优美简洁”的产品，很少装饰，而以朴实无华为特色，如 19 世纪初生产的“女王”牌瓷器，在实用功能的基础上展现出合理的形式和大工业产品的品质。

当然，直至 19 世纪末，在整个产品设计领域，装饰化的设计几乎一直是机械化产品设计上时刻为设计师们关注的主题。

图 4—6　本茨发明的三轮汽车

1885 年，发动机安装在车座位下部。

与 18 世纪机械产品的装饰化倾向相比，19 世纪的设计有了不少改进，但其装饰化的倾向、装饰与机械生产的矛盾仍清晰可见。如早期汽车的设计，几乎与马车的造型无大的区别，1885 年本茨发明的三轮汽车（图 4—6），仅在马的位置上加装了一个前轮，而 1886 年戴姆勒制成的四轮汽车同样与马车造型一致(图 4—7)。其他产品的设计也有相同的问题，如 1862 年德国人设计制造的多层炉与圆外壳壁炉（图 4—8），其繁复的装饰结构和纹饰几乎掩盖了炉的本来功能和面目。1865 年前后德国生产的一种安乐椅（图 4—9），建筑式的装饰

图 4—7　中国秦代彩绘铜马车

其动力、架车人、乘车人及车身间的结构关系与现代汽车在原理上相似。

图 4—8　多层炉与圆外壳壁炉
1862 年，伦敦博览会展品。

图 4—9　1865 年前后德国设计生产的安乐椅

结构和纹饰雕刻有着浓厚的哥特式风格特征；1870 年前后德国设计的门把手（图 4—10），则是文艺复兴时期流行样式的再现。

在产品设计上表现出的这种矛盾性，从历史的角度看应当说是正常的，作为设计在不同历史阶段表现出来的阶段性特征，其存在有其必然性。在 18 和 19 世纪大机械生产发生和发展的时代，设计主要表现为一种装饰的设计，这种装饰的设计又更多地从传统的根基上起步，在历史的样式中进行选择与改良，走着一条历史性的渐变之路，这成为 20 世纪现代设计生成与成长的开端。另一方面我们还可以看到，在 18 至 19 世纪的产品设计中所孕育的标准化、合理化的设计规范，一系列设计的改

图 4—10　1870 年左右德国产门把手（文艺复兴风格）

良与改革乃至设计理论的发展、设计运动的形成都为 20 世纪现代设计的形成奠定了坚实的基础。

工业革命开始的机械化大生产，产品设计的合理化、标准化是一个根本性的关键问题。机械化生产体系下的大量生产，要求标准化，而标准化则要求简洁的造型和合理功能的结合。标准化体系从 19 世纪中期在欧美一些国家的大工业企业中开始形成。英国机床制造商怀特沃斯是最早应用标准化方法来制造机床的人。在机床床身的设计中，他通过采用整体而稳重的箱式底座来达到精加工的目的，标准化的生产要求，使机床的生产质量得到了保证，并成为世界性的通用标准。由美国人史那斯创设的另一标准化体系于 1870 年被采用到工业生产中。在此基础上，标准化体系逐渐由企业内部生产的应用扩大到国家级的企业层面上，进而逐步形成国家的技术标准。在 19 世纪末期，首先实现国家标准的是普鲁士铁路营运系统，包括技术部件、机车车辆的标准化等方面，标准化零部件的使用不仅增加了互换性，而且使形式得到了统一。在 19 世纪后期至 20 世纪初，标准化在电气产品的设计生产上得到了广泛的应用，西门子和德国通用电气公司都制定了一系列标准。

1907 年德国著名的设计师贝伦斯负责 AEG 公司的设计工作，他采用标准化的方式设计的电水壶，首先将部件标准化，由此可以灵活地装配成八十余种水壶（图 4—11）。运用有限的标准化零件组合，提供多样化的产品，这一开创性的设计使他成为现代意义上的第一位工业产品设计师。

图 4—11　电水壶
彼得·贝伦斯设计，1909 年。

标准化对于家具设计制造有着同样深刻的影响，18 世纪末各种新型材料和木工机械大量出现，改变了家具的传统生产方式，标准化的应用，出现了造型简洁实用的组合家具，在 20 世纪初这种组合家具成为流行样式。

标准化是大工业生产的产物，同时也是设计的产物，它的出现，不仅深刻地改变了设计的面貌，亦成为设计的基础之一。

当然，设计的改革，不仅表现在标准化等方面，在其他层面上同样广泛地开展着。在设计思想和设计理论上都有着值得注目的变革。设计思想上的变革、设计理论上的探讨和发展，也许是更深层、更核心的变革。这些变革导致着各种设计思潮和运动的形成，如 19 世纪末开始的艺术与手工艺运动及大批设计团体的成立、一些著名设计师的出现等等。

第二节　从莫里斯开始

一　“水晶宫”的光辉

在现代设计史上，1851 年在英国伦敦海德公园举办的国际工业博览会，又称“水晶宫”国际博览会，具有十分重要的意义。“水晶宫”是园艺家帕克斯顿设计的玻璃温室型的大型钢架结构展馆的名称，因其透明若水晶而得名。作为 20 世纪现代建筑的先声，水晶宫是世界上第一座用钢材和玻璃建造起来的大型建筑，其总面积为 7.4 万平方米，外形为一阶梯形长方体，总长度为 563 米（即 1851 英尺），这一尺度标志着 1851 年的建造时间，其宽度达 124 米，有一个垂直的巨大拱顶。水晶宫的各立面所能见到的是钢铁结构和玻璃，没有多余的装饰，忠实地体现了机械工业生产的特点。整座建筑仅用了铁、木、玻璃三种材料，采用标准预制构件，从 1850 年 8 月开始施工至 1851 年 5 月 1 日结束，总共用了 9 个月的装配时间，一经完成便引起轰动，被认为是当时建筑的奇迹之一（图 4—12A、B）。当然，“水晶宫”的盛名不是由其建筑的特色决定的，而是因国际博览会的召开而留名青史的。

图 4—12A　水晶宫外景

图 4—12B　水晶宫内部

1851 年的国际博览会，是世界上举办的第一次国际博览会，英国主办这一博览会的目的是为了炫耀英国工业革命以后的发展成就，同时以产品展览的方式教育和改善英国公众的审美情趣，改变在生产设计和生活中对旧有形态的模仿与过度追求的倾向。英国政府的这一动机，实际上由来已久，早在 19 世纪 30 年代，英国议会便建立了一个专门委员会，为提高英国产品的设计和艺术水准，抑制外国产品进口的增加，同时努力寻求“在民众中扩大艺术知识和设计原则影响的最佳方法”，以在民众（尤其是工人）中开展艺术教育，提高艺术素质，并最终在产品生产中体现出来。这个委员会在 1836 年的《艺术与产业》的报告中认为，拯救英国工业未来的唯一机会就是向人们灌输对于艺术的热爱。1851 年的国际博览会是实现这一宗旨的努力之一。

1851 年伦敦国际博览会的设想是由英国艺术协会提出来的，维多利亚女王的丈夫阿尔伯特亲王是该协会主席，他亦是博览会组织委员会主席。著名设计师和设计理论家柯尔和帕金分别负责具体的组织实施工作和展品评选。

这一盛大的博览会，各国选送参展的作品大多数是机器制品，有相当一部分是为参展而特别制作的，也有一部分手工制品参展。无论是机械制品或手工制品都有一个十分明显的倾向，就是对装饰的广泛使用，有时到了不顾及设计的原则而为装饰而装饰的地步。如法国展品中的一盏油灯，灯罩的基座即用了金、银材料，其造型十分繁复，犹如纪念碑一般。一件女士手工用工作台被设计成了洛可可风格的宝物箱形，还饰有天使群雕，承重的桌腿设计成了弯曲多变的枝蔓形。一些展品的设计者在探索新造型、使用新材料、新工艺的同时，试图依靠装饰来提高实用品的“艺术价值”，如一件鼓形书架，搁板挂在两侧的圆盘上，并可以根据使用者的需要作中心水平轴旋转。从功能设计上看似有新意，但在功能性的结构设计上，仍布满了与功能无关的装饰，如书架侧板上的花饰和狮爪脚的设计等（图 4—13）。

图 4—13　鼓形书架

美国的设计历来以功能性、简洁性为特征。但在这次展览中也有一些装饰过度的作品。由美国坐椅公司设计生产的弹簧旋转椅（图 4—14），虽然结构使用了金属材料，并呈现出一种新的结构趋向，但设计师仍受到装饰需求的压力，将支撑连杆连同支承弹簧的金属腿都设计成了卷涡形，使这一坐椅的设计形成了一种功能和装饰折中的特征。最能体现设计的本质特点的产品是美国所提供的农机和军械产

图 4—14　美国坐椅公司生产的弹簧旋转椅

品，但这类设计没有成为博览会的主流。因此，从现代设计发展的角度而言，水晶宫博览会在设计美学上是不成功的，它没有达到预期的促进工业设计发展的目的，而在受到大多数参观民众的惊奇、赞叹的同时，遭到了立志发展工业设计事业的有识之士的尖锐批评。

博览会的实际展出与作为博览会组织者和评审者的设计家、设计理论家帕金的初衷也相距甚远。帕金出身建筑师世家，自己也是一名著名建筑师，但他对家具等用品的设计尤为喜爱，从 15 岁即开始设计这些物品。1834 年至 1836 年间，他为英国议会大厦作的细部装饰设计使他享有盛名。对于当时的设计，帕金认为其只是将传统加以糅合而缺乏创造，更缺乏设计的标准。而他的理想是哥特式的设计精神和风格。他力图通过自己的设计实践，将设计原则具体化，认为设计应适于使其实现的材料，每个时代应以其自然形成的风格来表现生活。他自己的产品设计不拒绝机械，而是以普通生产方式生产和销售的。

柯尔是帕金设计改革思想的拥护者。他既是一位画家又是政府官员。他推崇帕金的设计原则，进而主张强调设计的商业意识。1849 年他创办了《设计》杂志，使其成为宣传自己设计思想的工具。

对水晶宫博览会持最激烈批评态度的是约翰·罗斯金。罗斯金是诗人、哲学家，又是一位具有历史地位的设计理论家。罗斯金主张艺术是为大众创作的，设计要注重实用目的性，在工业与美术齐头并进的时代中，设计要为大众服务。他曾这样写道："以往的美术都被贵族的利己主义所控制，其范围从来没有扩大过，从来不去使群众得到快乐，去有利于他们。"在设计上，"与其生产豪华的产品，倒不如做些实实在在的产品为好……请各位不要再为取悦于公爵夫人而生产仿制品，你们应该为农村中的劳动者生产，应该生产一些他们感兴趣的东西"①。罗斯金作为一名早期的社会主义者，其设计理论具有民主的色彩，应该说方向是正确的。现代设计不是为少数人的设计，而是为大多数人的设计。

站在现代设计所追求的美学角度看，水晶宫博览会的失败暴露出了设计中存在的问题，从反面给人们提出了问题和思考，促使人们对 18 世纪下半叶以来所盛行的折中主义设计、复古主义设计进行反思，导致了设计改革时代的到来。

二　现代设计之父

参观过水晶宫展览，并留下深刻印象，而立志进行设计变革的是威廉·莫里斯。他在现代设计史上被誉为"现代设计之父"，是英国艺术与手工艺运动的创始人。

① 王受之：《世界设计史》，40 页，深圳，新世纪出版社，1995。

图 4—15　威廉·莫里斯

威廉·莫里斯（图 4—15），1834 年 3 月 24 日出生于英国埃塞克斯郡沃尔瑟姆斯托城一个富商的家庭，父亲是一个拥有一定地产的证券经纪人。莫里斯自幼酷爱文艺，喜爱在田野乡间漫步，古老的教堂和城池是其心仪之所，尤其对中世纪的艺术和建筑他更是情有独钟。在少年时代，他曾沉浸在英国浪漫主义诗人拜伦（1788—1824）和雪莱（1792—1822）的诗作中，浪漫主义诗人那些表现反抗压迫、追求自由平等、强调个性解放的诗篇，引起了少年莫里斯思想的强烈共鸣，在这里，他第一次体验到来自艺术世界和幻想世界力量的震撼，这两个世界亦是他反抗黑暗现实的精神家园。

在牛津大学埃克塞特学院学习期间，莫里斯既是一个诗人又是一个喜爱建筑和绘画的艺术家。他与后来成为著名画家和建筑师的伯恩-琼斯结成莫逆之交，并共同受到作为艺术理论家、作家约翰·罗斯金艺术和社会理论的深刻影响。毕业后，莫里斯以学徒身份在乔治·埃特蒙德·斯特里德建筑事务所工作，其间资助并创办了一个名为《牛津和剑桥杂志》的月刊，并为其写了许多诗歌，以至两年后汇集成《圭尼维尔的自行辩解及其他诗篇》出版。不久，他同伯恩-琼斯等友人一起游历了比利时和法国等地的各大教堂。受伯恩-琼斯和“拉斐尔前派”艺术家但丁·罗塞蒂的影响，放弃建筑而从事绘画，他首先参与了为牛津辩论会协会厅堂绘制装饰壁画的工作，并与画家但丁·罗塞蒂（1828—1882）和画家伯恩-琼斯等志同道合的艺术青年一起以“拉斐尔前派协会”为中心从事社会活动和艺术研究。

成立于1848年“拉斐尔前派协会”又称“拉斐尔前派兄弟会”，起初具有一定“秘密性”的这个青年画家团体，三个主创人员D. G. 罗塞蒂、W. H. 亨特（1827—1910）和J. E. 密莱司，当时都不到25岁，都是英国皇家美术学院的学生，他们主张绘画艺术应像拉斐尔（1483—1520）① 以前的意大利绘画那样真实地表现自然。他们选择道德和宗教题材，亦从浪漫主义、文艺复兴时期和中世纪的文学中选择艺术表现题材，抨击现时社会的不公正，歌颂以往时代生活的准则和特质。这些画家们的艺术风格大都鲜明生动，画面光线亮丽，细节描写真实甚至近于繁琐，以至削弱了构图中体现出的粗犷和恣肆的力量感。在拉

① 意大利画家，与达·芬奇、米开朗琪罗并称文艺复兴三杰，是文艺复兴盛期意大利艺术发展到最高水平的杰出人物之一。他以无与伦比的艺术表现力创造性地表达了深邃的人文主义思想，作品清新、优雅、宁静，艺术形象的情感流露真实而自然。

菲尔前派艺术家们的影响和劝说下，莫里斯 1857 年离开斯特里德建筑事务所，与伯恩-琼斯一起在伦敦的“红狮广场”开设了一间画室，开始以绘画为生。在为画室选购家具时，他们感到市场上几乎没有一件家具能够使自己满意，这使得莫里斯深感震惊，两年后莫里斯与杰·巴婷结婚，其好友斯特里德建设事务所的菲利浦·韦伯应莫里斯请求，按照其“精神要非常中世纪”的要求设计和建造了名为“红屋”的住宅（图 4—16），“红屋”简朴的外观和戏剧化的色块及谨慎的装饰被认为是“高尚的维多利亚哥特式”建筑的一部分，不仅是英国工艺美术运动最早的建筑实物之一，也是早期现代主义建筑“回到第一流”的开山之作。为“红屋”的室内陈设，莫里斯几乎跑遍了伦敦的所有家具店、瓷器店和地毯商店，却没有买到一件合适的东西，为此，他决定自己动手设计和制造家具和用品。在设计与

图 4—16　莫里斯住宅“红屋”
菲利浦·韦伯设计，1859 年。

制作过程中，约翰·罗斯金主张的设计思想和社会价值观念成了他的指导思想，他设计的家具、墙纸、壁饰、用品等全套室内用品和设施，不仅体现了罗斯金艺术与生活结合、为生活服务的思想，而且标志着一种新的设计观念产生。

在此基础上，他为实现自己的理想，1861年，与朋友马歇尔、福克纳一起在伦敦成立了一家从事室内装饰和设计的美术装饰商行（简称MMF），陈列自行设计的彩色玻璃、家具、刺绣、地毯、窗帘等作品。他还设计出了适用于教堂、家庭等处的风格独特的玻璃窗。莫里斯创办这一装饰商行所奉行的宗旨是通过自己切实的设计实践和努力来改变英国社会的趣味，使公众在生活中能够享受到一些真正美观而又实用的艺术品。这一具有民主意义的设计思想，来源于罗斯金，莫里斯以自己的设计创造实践了罗斯金的思想，并有所发展。在莫里斯看来，艺术特别是装饰艺术本来是起源于民间的，是劳动者创造的，因此应当把纯洁的、健康的艺术趣味还给人民。这些设计思想与实践活动的收获构成了莫里斯的美学观与进步的文艺观。从设计的目的和本质来看，民主意识是设计观中的一个重要内容，设计本质上是为人民大众的，是为千百万人服务的，它不是艺术家的个人创作和“自我表现”；设计从开始到最终落实为产品和商品是集体劳动、协同合作的结果，不是个人的成果，因此，民主意识对于设计而言又是本质性的不可缺少的东西。

莫里斯美术装饰商行可以说是现代设计史上第一家由艺术家从事设计、组织产品生产的公司，从而具有里程碑的意义。商行的设计包括室内装饰、雕刻、彩色玻璃镶嵌、金属工艺、壁纸、染织、地毯、壁挂等。以莫里斯为核心，包括拉斐尔前派的一些画家以及伯恩-琼斯等艺术家都在商行内发挥着自己的艺术设计才能，积极创作，生产出了一批批全新风格和品质优良的产品。从设计风格上看，这些设计有两个显著的特点：一是哥特式的艺术表现风格，这是莫里斯所尊崇和刻意追求的中世纪艺术风格之一，它不仅体现在莫里斯设计的一系列作品中，也体现在商行的其他设计作品中，如伯恩-琼斯为圣・科伦巴教堂设计的彩色玻璃镶嵌窗户，具有浓郁的哥特式建筑装饰的风格和宗教艺术的特点，成为莫里斯时代复兴中世纪艺术风格的典型代表。第二个显著特点是对自然的崇尚，设计师们从大自然中汲取设计的灵感，尤以各种植物为表现对象并作为装饰的主要范本，使大自然清新、生意盎然的绿色生命形象地再现于人们的生活中。上述两种主要艺术特征的追求综贯在所有的设计之中，因而，莫里斯公司的设计作品无论家具、壁纸、壁挂、地毯、窗帘、屏风、彩色玻璃等基本上都做到了风格协调统一(图 4—17)。

莫里斯广泛涉足各设计领域，但他最倾心的是关于染织品的设计，他在任商行董事长时还另择一地创办了一家挂毯工厂，专门从事壁挂制作。他的染织设计多以大自然中的植物为题材，绿叶纷呈，花枝烂漫，有时还有成双成对的嬉戏小鸟（图 4—18）。这种清新朴实的自然气息一直影响到后来在欧洲兴起的“新艺术运动”。除染织设计外，莫里斯在其晚年曾致力于书籍装帧设计，他于 1891 年创办了凯尔姆斯科特出版社（图 4—19），自己设计和铸造新的铅字，在其专职的设计和指导下，印刷出了设计与装帧都十分精美的书籍，1896 年出版由莫里斯设计的《桥沙集》，被印刷界誉为书籍装帧设计史上最杰出的成就之一。

图 4—17　斯坦顿住宅起居室
莫里斯公司设计。

图 4—18　双鸟纹饰
莫里斯设计。

图 4—19　凯尔姆斯科特出版社标志
莫里斯设计。

由于莫里斯开创性的工作和努力，其影响很快在英国传布开来，聚集在他周围的一批年轻的艺术家、设计师，遵循着莫里斯的设计理念和实践进行着更广泛的设计改革和试验。不少艺术家、设计家建立了自己的工作室、公司或行会组织，如1882年成立的“世纪行会”，1884年成立的“艺术工作者行会”，1888年成立的“手工艺行会”及1900年成立的伯明翰手工业行会等等。这些主要从事产品设计的行会组织，与文艺复兴以前的手工业行会已具有本质的区别，是艺术家、设计家主要是建筑设计师从事设计和研究的基地或实验室。其中最具影响的是1888年由青年艺术家和设计师组成的“英国工艺美术展览协会”，他们不仅设计作品，而且通过组织国内外设计产品展览的方式进行创作交流，吸引了大批国外艺术家和包括建筑师在内的设计师、手工艺人来英国交流学习，使英国的影响进一步扩大。

1896年，莫里斯因长期多方面繁忙的社会活动积劳成疾而去世。莫里斯几十年的努力和影响的结果是在其去世后直到20世纪20年代左右，在英国形成了一个具有特殊色彩的设计革命，即现代设计史上所谓的“艺术与手工艺运动”。英国理所当然的是这一运动的中心，在室内设计、家具、陶瓷、染织、金属制品、装潢设计等方面都有其显著的成就。

在家具及室内设计方面，著名的设计师代表是沃赛和斯各特。他们的设计风格以简洁、朴实、选材精当为特点。沃赛在家具选材上以橡木为主，设计上注重结构的简单、大方、实用，而尽量减少装饰性的雕刻修饰，仅在必要处采用黄铜、红铜等作局部装饰。他的设计坚持与艺术结合的方向，并汲取哥特式的传统精神，使其设计显得大方而精致、典雅，具有较高的文化品位。斯各特的室内与家具设计比较注重装饰效果，注重整体一致性，将室内与家具作统一设计，在装饰上尤其常用凸线作为装饰线，形成了深受时人欢迎的设计风格。

艺术与手工艺运动中的英国陶瓷设计，以艺术陈设瓷为优，在中国等东方陶瓷艺术的影响下，陶艺家们热衷于高温釉和窑变技术的探究与试验，烧制出了不少好的作品，但对实用陶瓷却很少关注。在染织设计方面，由于莫里斯自身的努力和影响，使得这一领域的变革尤为显著，也使消费者的审美欣赏的倾向从哥特式的复兴风格转向艺术与手工艺运动所提倡的自然、清新的风格上来。采用自然植物作纹饰主题，这不仅体现在织物设计上，壁纸等设计也是如此（图 4—20）。

艺术与手工艺运动不仅在英国有着显著的发展，在美国及其他欧洲国家也产生了巨大影响。美国的艺术与手工艺运动从 19 世纪末至 1915 年左右，产生了一批杰出的设计师和作品（图 4—21）。如家具设计师古斯塔夫・斯提克利，其家具设计以直线设计风格为主，更简朴和实用。格林兄弟设计公司的家具设计，

图 4—20　1895 年莫里斯公司设计的墙纸

图 4—21　美国“工艺美术运动”风格的设计

也受英国艺术与手工艺运动影响，其设计的根堡住宅，将结构与装饰有机结合，形成统一的风格（图 4—22）。

图 4—22　根堡住宅

格林兄弟设计公司设计。

三　新艺术运动与设计

新艺术运动是19世纪末20世纪初在欧洲产生和发展的装饰艺术运动，涉及建筑、家具、产品、服装、首饰、平面设计、书籍装帧、绘画、雕塑等多种艺术领域，从设计而言，新艺术运动可以说是一个注重艺术设计形式的运动，在长达十余年的时间中，新艺术运动曾风靡欧洲，对现代设计和现代艺术都产生了深远的影响。新艺术运动处在新旧世纪交替之际，也是设计从传统形态向现代形态转变的历史时期，作为一种特殊的设计运动，其内在的动机表现在两方面，一是与已有的设计风格特别是与19世纪弥漫于整个欧洲的维多利亚风格决裂，打破旧传统形式的束缚，创造适合于时代的新风格；二是反对当时在西方艺术中盛行的自然主义，而主张用华美精致的装饰设计来满足社会的需求。新艺术的设计师们同样崇尚自然，但他们与崇尚自然主义的艺术家主张模仿自然，甚至忠实于自然的细微之处不同，而是加以自由、大胆的想象来作装饰性的表现，并刻意追求自然中所蕴含的热烈而旺盛的生命力，以表现植物、动物生长发展的内在过程，真正把握自然、理解自然。因此，以植物等自然生命作装饰题材的设计纹样被广泛地运用于各个方面。

新艺术运动作为一个具有过渡性的设计运动，有许多值得重视的经验和思想，新艺术运动主张人类生活环境的一切人为因素都应经过精心设计，在设计中还应注意整体的效果。尤为可贵的是，新艺术运动的艺术家、设计师们反对将艺术划分为纯艺术与实用艺术或大艺术、小艺术，认为艺术家不应仅致力于创造单件的“艺术品”，而应该创造出一种为社会生活提供优美环境的综合艺术。主张艺术家、设计师为生活创造一种综合艺术，实质上是主张艺术家、设计师、手工艺师的结合，这种观点可以说是包豪斯精神之先导，在设计史上是十分先进的设计理念之一。

新艺术的发生具有多方面的社会根源，也经过了一个较长时间的酝酿阶段，其中影响最大的是英国的艺术与手工艺运动，莫里斯所倡导的采用自然纹样作为装饰主题，注重装饰与结构间的协调统一，都成为新艺术运动所追求的宗旨之一。和艺术与手工艺运动不同的是，新艺术运动不反对机器生产，而是温和地逐渐地接受机械化的变革，使新艺术运动成为连接现代设计运动的桥梁。

比利时和法国是新艺术运动的主要发源地。比利时是欧洲大陆最早工业化的国家之一，19 世纪初以来，布鲁塞尔已成为欧洲文化和艺术的一个中心。比利时的新艺术运动具有较多的民主色彩，设计师们以“人民的艺术”为口号，为大众开展设计，以消费者的需要为出发点。最著名的设计师是凡·德·威尔德。威尔德集画家、建筑师、设计师于一身，但最主要的还是从事平面和产品设计（图 4—23）。他的第一件设计作品是在布鲁塞尔为自己建造的住宅，住宅内的家具和装修也是自己设计的，其设计讲究功能性，装饰以曲线为主，考虑整体协调的效果。1906 年，他前往德国，宣传设计思想，一度成为法国新艺术运动的精神领袖，

图 4—23　凡·德·威尔德设计的咖啡壶

1908 年出任魏玛工艺学校校长，这所学校即包豪斯的前身。在设计中，他坚持以理性为自己设计的源泉。这种理性包括强调功能性但不排斥装饰，而是合理地使用装饰为产品设计的目的服务。从他的身上，我们看到两种不同的东西在和谐地发挥作用，一是艺术家天生气质的对于装饰的热爱和娴熟的驾驭能力，这是艺术家对勃勃生命力和情感的表现与追求；一是简洁、清晰和功能主义的对结构设计的重视。在这两种精神意念的支配下，威尔德的设计思想有很强的前卫性，他曾写道："我所有的工艺和装饰作品的特点都来自一个唯一的源泉：理性，表里如

一的理性。"① 他认为："根据理性结构原理所创造出来的完全实用的设计，才是实现美的第一要素，同时也才能取得美的本质。"②

比利时新艺术运动的另一位设计大师是维克多·霍塔，霍塔是位建筑与室内装饰设计师，在装饰上喜用葡萄藤蔓般相互缠绕和起伏盘转的线条，这种线条装饰几乎成为比利时新艺术的表征，被誉为"比利时线条"。他 1893 年设计的布鲁塞尔都灵路 12 号"霍塔旅馆"，精美的装饰和统一典雅的风格，成了新艺术设计中最经典的作品之一。

法国的新艺术设计追求华丽、典雅的艺术效果，是崇尚古典主义风格的设计传统与唯美主义、象征主义结合的产物。设计艺术的主要特征是动植物纹样大都用弯曲流畅的线条来表现。巴黎和南希小城为新艺术的主要集中地。在巴黎有众多的设计团体和企业，最著名的有由萨穆尔·宾创建的"新艺术之家"、"现代之家"和"六人集团"。

设计师萨穆尔·宾原本是一个商人、出版家，他十分热衷于日本艺术。1895 年 12 月他在巴黎开设了名为"新艺术之家"的艺术设计事务所，并资助一些设计师从事新艺术的家具和室内设计，在他的周围聚集了一批有创新才能的设计师。1900 年，

① 何人可编著：《工业设计史》，147 页，北京，北京理工大学出版社，1991。
② 王受之：《世界设计史》，60 页。

他们展出了“新艺术之家”的设计作品，影响很大，使“新艺术”名噪一时。同年，作为“新艺术之家”的设计师尤金·盖拉德设计的一整套家具及室内陈设参加了巴黎世界博览会。这套设计结构稳重，以弯曲多变的植物自由纹样作装饰主题，对自然形态的模仿生动自然，风格统一，成为法国新艺术风格的集中体现（图 4—24）。

图 4—24　法国“新艺术之家”展览中展品

“六人集团”是由六位设计师组成的松散设计团体。最著名的设计师是赫克特·基玛德，他在 1900 年至 1904 年间为巴黎地铁设计了 140 多个不同形式的出入口，这些地铁出入口主要采用金属铸造技术，形成金属结构的植物枝干和卷曲的藤蔓，玻璃的透明顶棚仿海贝形，是典型的新艺术设计（图 4—25）。

图 4—25　巴黎地铁入口
赫克特·基玛德设计。

小城南锡作为新艺术设计的重镇之一，家具、灯具等设计有明显的地方特色，其设计品质高居法国之首（图 4—26）。主要设计师有埃米尔·盖勒等人。盖勒以自然作为设计师灵感的源泉，并主张家具设计的主题与产品的功能相吻合。他设计的家具不仅有良好的实用功能，由于采用精细的雕刻工艺和细木镶嵌工艺，犹如雕塑艺术品（图 4—27）。在装饰上，主要采用动、植物作为图案。

图 4—26　法国南锡小城设计的新艺术风格灯具

图 4—27　南锡生产的有雕塑特点的家具

新艺术运动在德国又称为“青年风格”运动。德国的新艺术运动与欧洲其他国家的新艺术运动相似，按其发展可分为两个阶段，一是从 1896 年到 1900 年前后，这时期新艺术的设计风格具有明显的哥特式复古倾向，在设计中采用自然主义的色彩和象征形式，不少装饰图案以春天的田野、天鹅、鲜花为题材，有一种梦幻而童话般的气氛。1900 年以后的第二阶段，其设计风格与比利时、法国的趋近，凡·德·威尔德 1902 年定居德国以后，对“青年风格”运动的发展影响很大（图 4—28）。

图 4—28　台灯
贝伦斯设计，德国青年风格，1902 年。

新艺术运动在欧洲甚至美国都有不同的表现和发展，在奥地利作为新艺术运动的是所谓的维也纳“分离派”运动，与欧洲其他国家不同的是，分离派的设计造型简洁明快，注重简单的几何外形，尽量用简单的直线表达自然形态，形式更趋于现代化，而传统特征较少，是向日后现代主义设计的明显过渡。奥地利新艺术运动的主要人物是画家古斯塔夫·克里姆特、设计家约塞夫·霍夫曼等人。他们自称为“分离派”，即与当时正统的设计形式和艺术传统分离。在 1897 年他们举办的设计作品展上，集中展示了他们的作品，功能主义与有机形态相结合的设计风格使人耳目一新。1903 年，在霍夫曼的组织之下，成立

图4—29　奥布里奇设计的“分离派之家”（1898年）

了“维也纳工作同盟”的设计集团，作为集团主要成员的约瑟夫·奥布里奇，为集团设计了“维也纳分离派之家”（图4—29），简单的几何外形与精致的新艺术风格装饰细节结合，显得非常协调，尤其是其顶部，设计了一个巨大的金属穹顶，犹如花圈，由采用金属材料制成的花叶组成。光辉夺目的穹顶与简洁的几何立面相对比，既简洁又富丽典雅，成为奥地利新艺术运动设计的杰作。

图4—30　吻
奥地利分离派画家克里姆特作，装饰绘画，1904年。

克里姆特的设计才华表现在将装饰与绘画艺术结合上，以形成独特的装饰绘画风格。在画面上，他大量采用几何结构作为基础，喜用金银及明快鲜亮的色彩，具有强烈的形式主义的设计风格（图4—30）。

第三节　现代艺术运动与现代设计

一　现代艺术运动

在20世纪现代设计的发展史上，有一个十分令人注目的现象，这就是现代设计的发展始终与现代艺术运动密切地联系在一起。一方面，我们可以把现代设计作为现代艺术的一部分，来理解和认识两者之间的互为关系和联系；另一方面，现代设计作为实用艺术，它的科学技术及设计的本质特征，使它与其他现代艺术又有着明显的区别，作为纯艺术部类的现代艺术与作为实用艺术部类的现代设计，两者在发展过程中的互为关系表现出了一种对流、整合又异质发展的趋势。在这种对流与整合中，两大艺术部类形成互补又互动的关系，可以说，没有实用艺术给予现代艺术的启迪与影响，就没有现代艺术的新生新质和当代面貌；而没有现代艺术对于现代设计的整合与交流，也就不会有现代设计所具有的现代艺术品质和艺术精神。

赫伯特·里德说："我们所说的现代艺术运动，开始于一位法国画家想要客观地观察世界的真诚决心。"① 这位法国画家即

① ［美］赫伯特·里德：《现代绘画简史》，6页，上海，上海人民美术出版社，1979。

后印象派画家、20世纪立体主义和抽象艺术之父塞尚。在塞尚之前，印象派画家们已在试图改变从古希腊罗马直到欧洲文艺复兴时期的古典艺术所一直遵循的模仿与再现的原则，而努力去表现自身的一种感受，一种不同于传统绘画再现观的感受，并将这种感受的表达专注于形式的探索之上。正是从形式的探索开始，这些天才且极富创造性的艺术家们发现了设计艺术和装饰艺术所展现的新天地。装饰艺术是形式的艺术，现代艺术家的追求实际上早已存在于装饰艺术之中了。

图4—31 马奈的油画《左拉肖像》
背景上有日本浮世绘木版画作品。

马奈是印象派画家中的代表人物，马奈对当时画坛主流的背离，是将绘画所追求的三度空间表现变为装饰的二度空间，平面化的结果导致了满意的形式感。这种具有革命意义的背离，首先来自于当时正在法国和欧洲艺术界传播着的东方装饰艺术的启示。艺术家们从中国的陶瓷、工艺和日本的屏风、浮世绘等装饰艺术中发现了奇妙的形式特征，并努力将这些特征表现在自己的作品中。如马奈创作的《左拉肖像》(图4—31)，在左拉的身后可以看到日本屏风和浮世绘。同是法国画家的图鲁兹·劳特累克，被誉为19世纪试验性绘画和通向20世纪初期画家蒙克、毕加索、马蒂斯的表现主义的桥梁。他在广告画和书籍封面的装饰设计中，“发现了用描绘性的线条，来完成平涂色块的可能性”①，而这种用线来表现面的方式与高更及象征主义画家们创造的色彩模式一样，是20世纪初色彩抽象的最早典型。色彩的抽象造型，创造出了一种新的绘画形式，在装饰艺术中，色彩总是抽象的。作为后期印象派画家的修拉、高更、凡·高、塞尚，他们的探索被认为是“包括了20世纪绘画的大部分观念和倾向的直接源头”②，在他们的探索中，同样不难发现装饰艺术对于他们的重要影响和启迪。修拉的点彩与马赛克镶嵌的装饰方法如出一辙，装饰性的原色色彩排列创造出了闪烁着辉光的画面和富有几何秩序的形式结构。有的作品如《大杰特岛的星期日下午》其点彩效果犹如镶嵌的图案（图4—32)。

19世纪末叶，新的艺术革命在萌动，艺术家们在努力地寻找着新的方向，整个艺术处于一种综合的状态之中。在这一期间给予几乎所有艺术家以深远影响的艺术运动是新艺术运动，如前所述，这是艺术史上第一个有计划有意识地寻求一种新风

---

① ［美］H. H. 阿纳森：《西方现代艺术史》，26页，天津，天津人民美术出版社，1986。

② 同上书，28页。

图 4—32　修拉的点彩派杰作《大杰特岛的星期日下午》（1886 年）

格的艺术运动，也是以装饰艺术风格为主要特征的艺术运动。新艺术运动的艺术家们探求和热衷的是从中世纪、东方及原始艺术中得到的装饰形式和设计，并以此来摒除学院派样式。新艺术运动的艺术特征，很大程度上是由“线条”所决定的，这种富有新艺术运动特色的线条，既来自洛可可的装饰、撒克逊彩饰，又来自东方中国的瓷器、玉器、日本的浮世绘等。90 年代是新艺术运动的黄金年代，也是象征主义和后印象主义艺术发展的盛期。象征主义艺术家如古斯塔夫·莫罗、奥迪农·雷顿等，他们不是描绘自己观察到的事物，而是描绘感觉到的事物和直觉经验。他们采用装饰性的波浪形线条和珠光宝气的色彩来组合画面，其作品称之为装饰画也许并不过分。

希柯奈克在《从德拉克洛瓦到新印象主义》中指出，现代艺术的基础是色彩和线条的抽象化。色彩和线条抽象化的真正完成也许要到1910年康定斯基的首批纯抽象水彩画问世以后，但新艺术运动中发展起来的抽象和装饰化风格的有机形式无疑为此铺平了道路。在一定意义上，新艺术运动成了一些艺术家短期地运用一种共同的装饰语言创造各自作品的机会，它也是装饰与造型艺术互为渗透的最时髦的一种风格。

受益于这一艺术运动影响的艺术家还有很多。高更作为20世纪绘画的伟大奠基者之一，他的艺术和经历与新艺术运动及整个装饰艺术密切相关。他涉及过除广告之外的大多数装饰和实用艺术诸门类。在1888年至1891年间，受威廉·莫里斯启发，从事工艺实验与制作，同时还深受凡·德·威尔德设计思想的影响。正是在这种装饰与设计艺术的影响下，创立了他独有的抽象和独特的线条的表现手法。莫利斯·德尼在《从高更和凡·高到古典主义》一文中写道："时常萦绕在高更心际的是装饰变形，……在高更的作品中，你会发现，在质朴奇异的外表下，在一种严密的逻辑引导下，存在着某种构图的技巧。恕我斗胆直言，这些技巧带有一点意大利的修饰风格。"① 这位评论家认为，高更简直就是一位装饰艺术家，他写道："我们现在谈论的是一位装饰家（高更）：一位奥里埃曾经迫不及待地为争

① ［英］弗兰西斯·弗兰契娜等编：《现代艺术和现代主义》，81页，上海，上海人民美术出版社，1988。

取一席之地（争取装饰墙壁资格）的人。此人装饰了波尔多旅馆的客厅，连他的葫芦杯和木底鞋也没放过。此人在塔希提岛时，置烦恼、疾病和贫困于不顾，除了关心他草屋的那些装饰之外，对其他漠然置之，……他的艺术与其说与油画大同小异，倒不如说与挂毯和彩画玻璃有着更多的异曲同工之处。”① 高更对装饰的倾心，不是倾心于装饰的形式，而是构成形式的内在因素。他发现，能突破长期以来统治造型艺术的因素都与装饰有关；发现装饰艺术的方式是想象力和表现力都趋于自由的一种创造性方式，这与高更的追求十分吻合，与高更常说的通过眼睛向外观望，探索神秘的思想内核的愿望相吻合。在装饰艺术中，艺术家的感受力可以不受模仿与反映的羁绊，“艺术成了大自然的主观变形，而不是大自然的复制品”②。这正是高更等现代艺术家所追求的（图 4—33）。

与高更同为现代表现主义先锋的凡·高，其作品也深受东方装饰艺术风格的影响。凡·高的《一只耳朵扎着绷带的自画像》（1889 年，图 4—34）中便有日本浮世绘木刻作品的描绘。凡·高和高更都试图用油画的语言去创造类似浮世绘一类的装饰形式，这一追求导致了绘画风格的变化：舍弃三度空间的表现，采用东方艺术的装饰性线条和纹饰作勾勒和平涂色

①② ［英］弗兰西斯·弗兰契娜等编：《现代艺术和现代主义》，80 页。

图 4—33　高更作于 1897 年的油画

《我们从哪里来？我们是谁？我们往哪里去?》，提出生命哲学的问题。

块，形成图案式的、富有寓意和象征性的绘画构思。凡·高和高更都十分喜爱东方装饰艺术中大块色彩的表现形式和结构，没有阴影和投影，画面色彩单纯，充满装饰的情趣。赫伯特·里德曾认为高更、凡·高、蒙克、修拉和劳特累克尽管风格不同，“但却在无意之中流露出一种共同因素。这种因素显然就是……装饰因

图 4—34　艺术天才凡·高的自画像

《一只耳朵扎着绷带的自画像》，作者生前穷困潦倒，身后却受到整个艺术界的尊崇。

素"[1]。当然，不只印象派画家们如此，马蒂斯、毕加索、康定斯基这些现代派艺术大师也莫不如此。

野兽派的艺术领袖马蒂斯在艺术表现中曾试图追求一种"近乎宗教的对待生活的感情"[2]，他是一个对色彩极为敏感和极富创造性的人，他的作品几乎不注重自然的外观表现，而是大胆自由地运用色彩，用抽象的色块和线条的结构创建具有装饰性的构图。马蒂斯认为："所谓构图就是把画家要用来表现其情感的各种因素，以富有装饰意义的手法加以安排的艺术。"[3] 在装饰艺术的影响下，他的作品风格越来越趋于装饰化。评论家说马蒂斯一生的艺术"倾向于在极端简化和装饰性细节这两个极端之间交替进展"[4]，因而与众不同。1909 年和 1910 年他创作了《舞蹈》（图 4—35）、《音乐》两幅大型绘画，探索色彩、线条、空间及形式与内容的关系。之后，由于他对装饰的兴趣，又画了一批表现室内的作品，这些作品充分表露了他对富丽堂皇的东方挂毯的喜爱。20 世纪 20 年代，马蒂斯的艺术从表现主义进入了立体主义时期，作于 1915 年至 1917 年的《德・黑姆的静物变体画》，从静物到建筑都几何化了，而且装饰意绪很浓。在《摩洛哥人》中，建筑和祈祷人物的表现已近于绝对抽象的图案。为此，他在研究立体主义的同时，不得不对自己作

①②③ ［美］赫伯特・里德：《现代绘画简史》，12 页。

④ ［美］H. H. 阿纳森：《西方现代艺术史》，125 页。

图 4—35　马蒂斯油画《舞蹈》（1909 年）

品中过分装饰化的倾向有所节制。不过，在马蒂斯的晚期作品中，装饰化的倾向不仅没有得到节制，反而更强烈了。他后期热衷的彩色剪纸，其中的色彩关系和图形都类似于图案。由于具有这种既区别于一般画家又有别于装饰艺术家的才能，在 20 世纪 40 年代末期，他甚至还出色地完成了文斯礼拜堂的装饰工程。

毕加索和康定斯基是现代主义艺术中的重要代表人物。他们的艺术成就也是建立在对装饰艺术的理解与借鉴基础上的。立体派运动开始于 1907 年，以毕加索的《亚威农的少女们》（图 4—36）为标志。这幅作品中的人物和背景都是几何化的，从少女们变形的脸上可以看到伊比利亚人、非洲黑人雕塑的影响，如果说这种影响还是初步的话，到分析立体主义阶段，其作品如《手风琴师》等，几何结构与色彩形成的装饰性画面，

图4—36 毕加索《亚威农的少女们》(1907年)

三度空间已经分解和平面化了。随后，毕加索与立体主义艺术家勃拉克一起从事拼贴作品的探索。受装饰拼贴画的影响，1913年至1914年毕加索的作品出现了更大的彩色几何图形和纯正饱满的色彩，这标志着毕加索的创作已向着“有利于装饰的方向”发展。毕加索一生的艺术探索与创作都得益于工艺和装饰艺术。从历史渊源上看，毕加索身上有着深厚的西班牙文化传统，这种文化传统包含着西班牙民族艺术的装饰性在内，毕加索对装饰艺术和绘画色彩韵味的追求实际上是艺术家内在的民族传统的自然表露，当这种来自本民族的内在之根的艺术素养与外来的艺术形式和因素交融时，往往会激发出奇异的创造火花。《亚威农的少女们》就可以视为民族装饰艺术的传统素质与非洲黑人艺术形式交融的产物。立体主义艺术统合着装饰和工艺艺术的方式与形式，并用油画的语言表现出来。康定斯基称立体派画家的创作是“从单一的自然物体着手，制作线条，设计角形，直至画布被一系列复杂且是十分美丽的平衡线条和曲线所盖满”①。画家作画与装饰艺术家从事装饰艺术的方式和程式几乎一样，所不同的是立体派画家们所追求的不是装饰艺术本身而是超越装饰之上的东西，即由整合而产生的新生新质。

阿波利奈尔曾把立体主义的出现归纳为以下几方面的因素：一是对几何美的追求，苏格拉底赞颂几何形内在美的话语，成为立体派画家的理论之一；二是 19 世纪末科学技术进步的启示；三是古西班牙伊里安人和非洲黑人工艺艺术的影响。装饰艺术和工艺的影响不仅是形式上的，更重要的是艺术表达方式和观察方式上的。工艺和装饰艺术对毕加索的影响也许是终生的。在其晚年，他还用很大精力从事各种工艺活动，如在法国南部的陶瓷重镇瓦洛里斯和匠师们一起设计陶器和绘制装饰图案。我以为，毕加索对现代艺术的巨大贡献，不仅在于他创造了立体主义等现代艺术形式，更重要的是他天才地将工艺和装饰艺术与绘画艺术统合在一起，而大大拓展了绘画的表现领域，使绘画形式和风格具备了更多的可变性。

康定斯基是现代艺术史上第一位抽象画家，他对装饰艺术

---

① ［俄］康定斯基：《论艺术里的精神》，93 页，成都，四川美术出版社，1985。

与现代绘画等艺术的关系有着超越他人的认识。他写道："一定不要认为纯装饰是无生命的。它有它的内在特点，然而是一个我们不理解的特点（如古老的装饰艺术）……装饰对我们是有影响的，东方的装饰与瑞典的、野蛮人的或古希腊的装饰迥然不同。"[①] 康定斯基不仅看到了装饰艺术的影响，更看到了装饰的内在特点和形式力量。他发现，"绘画中的一个圆块，要比一个人体更有意义"，"一个圆圈上的三角形锐角的冲力所产生的效果，并不比米开朗琪罗绘画中上帝的手指触及亚当的手指的力量小"[②]，即抽象的形式蕴含着无穷的张力。他认为，"抽象形式构成一种新的力量，它使人们能接触到外表下面的事物的内容和本质，而这种本质，要比外表富有意义"[③]。康定斯基从1910年起就开始在绘画作品中设计规则图形，作直线与曲线的组合，利用几何图案，即将作品的风格从自由形式变为规则形式。在这种几何形的规则图形及其组合中，康定斯基不仅获得了表现上的更大自由，更重要的是他那表达情感的内在需要在这种装饰化的图形结构中得到了满足。

翻开现代艺术史，不难看到在整个现代艺术发生发展的历

---

① ［俄］康定斯基：《论艺术里的精神》，93页，成都，四川美术出版社，1985。

② ［美］赫伯特·里德：《现代绘画简史》，106。

③ 同上书，107页。

程中，在纯艺术的自我变革中，装饰艺术所给予的深刻影响，一代代艺术大师无不在那些曾备受鄙视的实用艺术中受到了诸多教益与启示。可以说，没有装饰艺术的启迪和现代艺术家对装饰艺术的认识和借鉴，没有实用艺术与纯艺术间的交流与整合，就不会有现代艺术的发展和当代面貌。当然，不仅是装饰艺术影响了现代艺术，现代艺术的新生新质也不同程度地带来了艺术、设计和装饰艺术的变革和现代品质的养成。①

二　荷兰风格派与俄国构成主义

荷兰风格派是现代设计史和现代艺术史上的一个不可忽视的重要部分。荷兰是欧洲现代设计运动发起国之一。20 世纪初，现代主义设计运动在欧洲基本上是从德国、荷兰和俄国开始的，荷兰虽然是个小国，但由于进入工业化的时代很早，经济发达，国民素质高，社会结构和经济的不断发展和演变，促使艺术和设计不断地适应着新的形势，艺术家和设计师们也在不断地开拓新领域，创造新形式，并不断地探索着未来的方向。1917 年至 1931 年这十几年期间以荷兰为中心的“风格派”艺术设计运动即是这种探索的反映与实践。作为一个国际性的艺术运动，它从立体主义起步，最终完全走向了抽象，并深刻地影响了 20

① 参见李砚祖主编：《设计艺术学研究》第一集《现代艺术百年历程与装饰的意义》，304 页，北京，工艺美术出版社，1998。

世纪的建筑设计和产品设计。

“风格派”虽然是一个艺术运动，但它却没有立体派、未来派这些艺术运动的纲领、宗旨和组织形式，它仅是以《风格》杂志为活动中心的没有具体组织形式的松散的运动，成员之间并无过多接触，仅是艺术形式近似、美学观点相同而已。1917年在荷兰莱顿创刊的《风格》杂志是艺术设计家交流思想的园地，其创办人和编辑是风格派的发展人和组织者杜斯伯格。风格派一个共同的艺术主张即绝对抽象的原则，他们主张艺术应与自然物体没有任何联系，艺术家只有用几何形象的组合和构图来表现宇宙根本的和谐法则，因此，对和谐的追求与表现成了风格派艺术设计家共同的一个目标。艺术设计家们通过自己的艺术设计和创作，在建筑、家具、产品、室内等等方面，建构一种新的秩序，即和谐的几何形的秩序结构。

风格派的主要中心人物是画家彼得·蒙德里安、凡·杜斯博格和设计师盖里·里特维德。蒙德里安1872年生于乌得勒支的一个教师家庭，14岁开始学画，20岁时成为当地中学的美术教师，1911年开始受毕加索、勃拉克等艺术大师的影响创作立体主义风格的作品（图4—37），其后，他日益注重画面结构，而走向抽象化的绘画试验。1915年，他在拉伦结识了通神论哲学家绍恩迈克斯，并拜读了其著作《世界的新形象》和《造型数学原理》，受到极大启发，他赞赏绍恩迈克斯提出的“艺术家

图 4—37　蒙德里安《红树》(1908 年)

的伟大灵性可以通过直觉、冥想、聆听启示或进入超乎常人的知觉状态去把握大自然的奥秘”①的观点，从而进一步舍弃务实的方法，而直接由灵性得到一种类似数学模式的抽象，即完全不以眼睛观察到的实物为题材，而将绘画语言限制在最基本的那些形式要素上，这些形式要素简洁、单纯，如线条方面仅是直线、直角相交的水平线和垂直线；色彩上主要是红、黄、蓝三原色和黑、白、灰色。这种建立在通神论数学造型基础上创作的作品，蒙德里安称之为“新造型艺术”。1917 年他在《风格》杂志第 1 期上发表了《绘画中的新造型主义》，他认为，绘画是由线条和色彩构成的，这两者应是绘画的本质，不仅应允许其独立存在，而且只有用最简单的几何形式和最纯粹的色彩组成的构图才是最有普遍意义的永恒绘画。在此后一段时间中，蒙德

① 朱伯雄编：《世界美术史》10 卷（上），181 页。

图 4—38　蒙德里安《红黄蓝构图》(1921—1925)

里安越发注重结构的数学式组合和均衡感，采取黑色线条的分割，再涂布原色，创作了一批典型的“风格派”作品（图4—38)。这些作品对风格派运动影响极大。如家具设计师里特维德设计的著名作品《红蓝椅》其构思就直接取自蒙德里安的《红黄蓝构图》这一作品。

里特维德是将风格派艺术从平面延伸到立体空间的一个重要艺术家。他将风格派艺术的追求通过设计物化在一系列实用性的作品之中，创造出了诸如家具、建筑等优美而又具功能性的作品。里特维德自幼便师承其父制作家具，20 岁时开始学习建筑，并受莫里斯艺术与手工艺术运动影响。1911 年他开设了一间家具店，从事家具的设计与销售。1918 年加入风格派。里特维德一生设计了许多作品，尤其是家具，其中有三件成为 20 世纪现代艺术史和现代设计史上最富创造性和经典性的作品，即《红蓝椅》、《柏林椅》和茶几。这些作品以其完美和简洁的造物形态完整地反映了风格派艺术运动的哲学精神和美学追求，并表明，抽象的艺术理念通过设计能够产生出杰出的作品。

《红蓝椅》由机制木条和层积板构成，13 根木条互相垂直，形成椅子的空间结构，各结构间用螺丝紧固而不用传统的榫接方式，以防结构受到破坏。椅的靠背为红色，坐垫为蓝色，木条全漆成黑色，木条的端面漆成黄色，黄色意味着断面，是连续延伸的构件中的一个片断，以引起人的联想，即把各木条看成一个整体。这把椅子以最简洁的造型语言和色彩，表达了深刻的造型观念。作为椅子，虽然坐起来并不舒服，但具有坐的功能，它又如同一件雕塑作品，具有很强的表现性；简单的结构和标准化的构件，是批量生产的语义之一；而从未有过的现代形式，不仅消除了与任何传统椅子形式上的联系，而且形成了独一无二的现代新形式。这一形式成为现代主义设计的形式宣言，是现代主义在形式探索上的一个伟大创造和里程碑式的杰出作品。

里特维德说："结构应服务于构件间的协调，以保证各个构件的独立与完整。这样，整体就可以自由和清晰地竖立在空间中，形式就能从材料中抽象出来。"① 里特维德在这一设计中创造的空间结构可以说是一种开放性的结构，这种开放性指向了一种"总体性"，一种抽离了材料的形式上的整体性。

荷兰风格派盛行期只有短短 14 年时间。从上述的分析中可以看出，风格派作为现代艺术运动，它所取得的成就与其说是

① 何人可编：《工业设计史》，190 页。

艺术的，不如说是设计的。风格派艺术家们所坚持的首先是艺术、建筑和设计的社会作用，他们的追求和建树突出表现在以下几方面：一是以新的造型观念从事设计，尽量排除家具、器物设计中的传统形式特征，使其成为最简单、抽象的几何结构元素的组合。二是坚持追求这些几何元素、结构的独立性和可视性，用设计的方法创造可视的、可用的形象。三是重视和运用数字的抽象概念和空间结构，运用单纯的三原色和中性色。在设计中，他们把几何形式与新兴的机器生产联系乃至等同起来，追求那种来自于机械的严谨与精确，由此最终确立一种新的造型观和新的美学，一切以这种新的美学为出发点。值得颂扬的是风格派艺术家们始终努力更新生活与艺术的联系，把创造新的视觉风格和艺术新形式的目的确定在创造一种新的生活方式之上。诚如杜斯博格在 1924 年发表的《走向集合性构图》一文中所提出的："我们必须理解，生活与艺术不再是分别的领域。这就是为什么把'艺术'视作脱离现实生活的一种幻想这种'观念'必须消失。大写的'艺术'一词对我们不再具有意义。代替它的是我们要求按照一种以固定原理为基础的创作法则来建造我们的环境，这种法则符合经济、数学、技术、卫生等原则，将导致一种新的、可塑的统一性。"①

① 转引自［英］肯尼思·弗兰普顿：《现代建筑》，174 页，北京，中国建筑工业出版社，1988。

俄国是欧洲现代艺术和现代设计的发源地之一，在风格派发展的同时，在俄国正形成着一个类似的现代艺术及设计运动，称作构成主义设计运动。构成主义是一个广泛涉及建筑、绘画、雕塑、艺术设计等领域的文化思潮。是十月革命胜利前后一部分知识分子和前卫艺术家对现代艺术和设计的一种大胆探索，他们在立体主义、未来主义等艺术思潮的影响下，积极追求工业化时代艺术及设计的表达语言，热情赞颂工业文明和机械的成就，崇拜机械结构中严谨的结构方式和材料特征，提倡用工业精神来改造社会生活，改造艺术。在他们看来，艺术不能仅用油画颜料、画布、大理石等表现，还要采用钢铁、塑料、玻璃等现代材料，用几何形式来表现其结构，并使之成为新的主题。

在第一次世界大战之前，一些艺术家已开始抽象艺术的实验，如卡西米·马列维奇等人。马列维奇 1915 年在彼得堡参展的作品《白地上的黑色正方形》，是以白色为背景的几何构图的纯抽象作品，他自己认为这是一剥去具象的外壳之后最纯粹、最高尚、最终极的形态，对当时的艺术界影响很大。1917 年的十月革命成功后，艺术家们为革命所吸引，积极投身到社会的革命和建设之中，他们将政治上的革命与艺术上的革命联系起来，力图创建一种新的艺术形式和新的美学方式，为新生的国家服务。建筑设计师埃尔·李西茨基 1920 年发表了《红色楔子打击白色》的宣传画，用抽象的艺术形式表达革命的主题，达到了很好的效果。

图 4—39　俄国构成主义设计师塔特林设计的《第三国际塔》（1919 年）

构成主义最成功的探索是在设计方面。1919 年，建筑设计师弗拉吉米尔·塔特林为第三国际设计了一座纪念塔“第三国际塔”（图 4—39），按照设计，塔比法国埃菲尔铁塔还要高出一半，其中有会议大厅，无线电话、通信中心等，这座雕塑型的纪念塔以钢铁作主要结构材料，而简洁的几何形结构表达了一种坚定向上的政治信念。在苏维埃建立初期，艺术家们建立了各种艺术团体和组织。如集各种艺术与设计一体的“自由国家艺术工作室”，包括著名艺术家康定斯基在内的前卫设计组织“因库克”和“新建筑家协会”等。

在建筑上构成主义最早的设计专题是 1922 年由亚历山大·维斯宁兄弟设计的“人民宫”，这是一座巨大的椭圆形体育馆，旁边耸立有一座同样巨大的塔，塔与体育馆之间连接着无线电台的天线网，成为一种别具一格的结构。

在产品设计上，李西茨基主持下的莫斯科教育学院的金属和木制品车间，设计生产了标准型多功能家具及飞机、汽车用折叠家具。列宁格勒的“工作青年艺术联盟”为工人俱乐部、文化中心设计的家具以简洁的形式和独特的结构著称。这些家具多用木材制作，生产工艺简单，曾被当作一种无产阶级的艺术而受到赞扬。

构成主义因各种原因，留下的作品并不多，但其对于现代艺术和现代设计的影响则是巨大而深远的。早在构成主义发展之时，它就对其他国家的艺术和设计发生着重大的影响。1922年，包豪斯在杜塞多夫市举办国际构成主义和达达主义研讨大会时，俄国构成主义大师李西茨基和荷兰风格派大师凡·杜斯博格便带来了他们的探索成就和对于纯形式的认识和思想，形成了新的国际性的构成主义艺术观。同年，苏联在柏林举办了苏联新设计展，通过展览，西方社会不仅系统了解到俄国构成主义的探索与成就。而且认识到设计观念的建立基础是先进的社会观念和目的性，为此，格罗皮乌斯受此启发后对包豪斯的教学进行了改革，改变了一度盛行的表现主义的艺术设计方法，而采取理性的面向社会的设计观念。也是在此时，格罗皮乌斯聘请康定斯基和匈牙利构成主义设计家莫霍里·纳吉到包豪斯任教。

三　装饰艺术运动和流线型设计

20 世纪二三十年代，是现代设计运动发展的重要时期，在这一时期，亦生成和发展着另一不同性质的设计运动——装饰艺术运动。装饰艺术运动 20 年代源起于法国，后波及美国、英国等地。它既是一种艺术设计运动，又是一种风格，以其富丽、新奇的现代性著称。作为两次世界大战期间占主流地位的这一实用艺术潮流，它包括了艺术设计和装饰艺术的诸多领域，如家具、珠宝、书籍装帧、玻璃陶瓷、金属工艺以及绘画图案等等。

装饰艺术运动的起源可以追溯到新艺术运动，1900 年的巴黎国际博览会上，新艺术受到大众的普遍关注，它强大的吸引力，很快转化为一种商业价值，融化为一种专业化的风格，而由此，也导致了新艺术的式微。大约至 1905 年，“新艺术”已经失去了时髦的吸引力，法国的实用艺术设计也开始衰落。但上层社会和大众对实用艺术的需求和兴趣，并未因此而减退。在人们拒绝“新艺术”过度的曲线装饰风格的同时，艺术家们开始到 18 世纪末的艺术中去寻找灵感，这种对 18 世纪末期艺术的眷念实际上预示着一种新的设计风格的即将形成。1910 年法国“装饰艺术家协会”成立，协会定期举办秋季展览和沙龙，为设计师和手工艺师们提供展览和交流的场所。著名的设计师如保罗·福洛特、莫里斯·迪弗雷纳的设计为装饰艺术风格的形成奠定了基础。第一次世界大战以后，新的装饰艺术在法国得到了迅速发展，设计机构纷纷建立，产生了许多杰出的设计作品和设计家，如法国设计家卡迪埃1917年设计的“坦克”表，不仅反映了战争的影响，更可以看出机器文明和机器之美的渗透，表现出一种新时尚。

为重建法国自洛可可风格以来在装饰艺术领域的领导地位，法国装饰艺术家协会早在1910年就打算举办巴黎国际装饰艺术博览会，要求设计家、艺术家们在所有的建筑设计、产品设计和装饰品设计中，创造一种符合时代潮流、与大机器生产相协调、有现代感的装饰艺术新风格。在法国艺术家、设计师的努力下，装饰艺术设计和产品设计中严谨的线条和被称作“新古典主义”的符号、垂花饰、花环、有凹槽的柱子，装饰化的花卉纹饰和巴洛克式的卷曲形纹饰取代了新艺术风格中的奢华倾向和不对称雕刻的滥用。

由装饰艺术家协会于1910年提议举办的博览会，直到装饰艺术运动发展到鼎盛时的1925年才正式在巴黎举办，它的全称是“国际现代装饰与工业艺术博览会”，这次展览集中了法国最优秀的设计师和艺术家、手工艺师的作品，他们使用传统材料如硬木、宝石、生漆、贵金属、象牙等制作富有异国情调的家具及生活用具和装饰品。值得注意的是，这些设计不仅以其豪华富丽体现着法国的富有和上层阶级对于装饰的态度，而且尝试着将现代主义设计中常采用的严格的几何形式感与人们对于豪华时髦的需求糅合在一起，标志着习惯于历史传统风格的上流社会阶层开始接受新的设计形式和美学风格。这次博览会的举办，成为装饰艺术运动发展高峰的一个标志，同时也是“装饰艺术运动”名称产生的主要背景。

装饰艺术运动的形成有着复杂的根源，希利埃在《艺术装饰风格》一书中认为：“装饰艺术风格是一种明确的现代风格。它从各种源泉中获取了灵感，包括新艺术较为严谨的方面，立体主义和俄国芭蕾、美洲印第安艺术以及包豪斯。与新古典一样，它是一种规范化的风格，不同于洛可可和新艺术。它趋于几何又不强调对称，趋于直线又不囿于直线，并满足机器生产和塑料、钢筋混凝土、玻璃一类新材料的要求。它最终的目标是通过使艺术家掌握手工艺和使设计适应于批量生产的需要来结束艺术与工业之间旧有的冲突和艺术家与手工艺人之间旧有的势利差别。”① 从这一分析可以看出，装饰艺术运动实际上是新旧设计主流交替时代特定的产物，它一方面具有传统设计和工艺艺术的特点，它的服务对象仍然是上层的少数权贵阶级；另一方面，它又力图适应机械文明发展的需要，将机械美学引

① 转引自何人可编：《工业设计史》，220 页。

入设计之中，使手工艺术与大工业生产结合起来，形成一种折中主义的方法和立场，创造出那种既具有手工之美而大机器又能批量生产的产品。

我们知道，20 世纪二三十年代正是现代主义设计发展的重要时期，当时的现代主义设计强调功能、强调结构，力图用以几何抽象造型为主要形式特征的现代美学改造社会。但是，社会的需要是多元的、多层面的，在现代主义设计的上述理念中，往往忽视了消费者个人的审美情趣和资本主义社会的商业本质。现代主义设计所提倡的钢管椅等一类的现代家具，除应用于公共场合外，并不适应需要人情味的家庭生活环境，人们所喜爱的仍然是那些富有装饰性和生活情趣、人情味浓厚的设计产品。

法国作为装饰艺术运动的发源地，也是这一运动发展的中心，装饰艺术风格的产品设计取得了很高的成就，主要体现在家具、陶瓷、漆器、玻璃制品等方面。在家具设计上，基本上有两种风格，一是东方式的奇异的形式；一是受现代主义影响，采用新材料（如钢管）、新技艺所形成的新样式。

法国人十分重视家具设计，其豪华倾向亦由来已久。巴洛克时期的家具是奢侈豪华的代表，在新艺术运动中，设计师已开始抛弃那种烦琐之极的装饰化倾向，从而寻求一种简洁明丽的设计风格，这一努力在装饰艺术运动的设计中有了新的表现，

图 4—40　象牙和乌木镶嵌的柜子
J. E. 鲁尔曼设计，装饰艺术风格，1916 年。

在不完全摒弃装饰的情况下，设计日趋单纯与简练，形成了特色（图 4—40）。在陶瓷设计上，一个明显的特点是以几何体的人物图案作主要装饰，在造型和釉彩上受中国和中东陶瓷的影响。1920 年代巴黎设计师艾米尔・德科设计了全套新型餐具和中国风格的大碗，造型单纯，釉色以单色为主，釉面肌理追求中国传统陶瓷冰裂纹的效果。他设计的精陶餐具，亦以中国陶瓷为设计原型，采用手绘植物纹装饰。采用现代艺术的图形作装饰的陶瓷设计师是布梭。除上述日用陶瓷的设计外，法国陶瓷设计中还有装饰陈设陶瓷一大类，其装饰图案主要是人物。

玻璃制品是欧洲的传统工艺之一。法国装饰艺术运动的设计师对于玻璃产品的设计一直有着特殊的兴趣和领先于世界的设计水平。在 20 至 30 年代，他们首先采用玻璃来设计制作首饰和其他饰物，如设计师拉里克设计的具有东方情趣、古典风格与现代艺术风格交融的产品，有一系列的器皿，包括香水瓶、玻璃瓶、灯具、钟盒、装饰品等等。他设计的产品既有手工艺的精美，又能大批量生产。从设计上看，他喜用翡翠绿、孔雀蓝等色；玻璃表面肌理既有光滑透明的，又有霜冻失透的；装饰图案常采用动物和女性人体；工艺上常采用雕花技术，具有很强的装饰性。

法国原来不生产漆器，装饰艺术运动对于东方艺术的狂热，似乎使人们对东方的一切都产生了兴趣。中国、日本传统的用生漆制作的漆器、屏风等等自然成为设计师模仿的对象。20 年代起，巴黎不少设计师开始从中国进口生漆原料。尝试以漆工艺作为其装饰和设计的手段，用于室内设计中的屏风、门、壁板、家具和装饰品的制作，受到了上层社会的广泛欢迎。著名设计师如让·杜南，他的漆工艺设计使他接到很多订单。他为法国当时最时髦的大型游轮“诺曼底号”、“大西洋号”等作室内设计和家具，用漆工艺制作屏风和室内壁板，装饰图案充满东方情调（图 4—41）。

图 4—41　装饰艺术风格的柜子（局部）
苏与马雷公司设计，1927 年。

法国装饰艺术运动中的金属工艺制品也有非凡的业绩，装饰性的金属制品，主要是各种人物雕塑装饰及其灯具等饰件，这种金属工艺还同时采用珐琅、木材、陶瓷、象牙、玻璃、宝石等镶嵌工艺，更显富贵和华丽。

法国装饰艺术运动对美国二三十年代的建筑、产品设计产生了重大影响。二三十年代，美国经济发展迅速，美国文化中普遍的豪华、壮丽、幽默、轻松的喜剧特征在这一时代表现得尤为特出，音乐剧、爵士乐、歌舞、好莱坞电影蓬勃发展，影响遍及全世界。法国装饰艺术风格一经进入美国本土，立即得到极为热烈的响应，并很快与美国的大众艺术和设计文化合流，形成具有美国特点的装饰艺术设计的风格，即一种豪华、夸张、迷人甚至怪异的好莱坞式的“爵士摩登”。它主要表现在建筑设计和产品设计两方面。

在建筑方面，具有装饰艺术风格特征的主要建筑有克莱斯勒大厦、帝国大厦、洛克菲勒中心大厦等大型建筑，这些建筑设计一方面采用新型材料如金属、玻璃等，具有现代主义设计初期的时代特点，另一方面，大量采用金字塔形的台阶式构图和放射状线条之类的装饰形式，如建筑立面上的棱角和装饰化的细部处理。在室内设计上，这种美国式的装饰艺术风格，也表现得十分显著（图 4—42）。

在欧洲，法国装饰艺术风格中的造型语言如放射状的线性装饰和金字塔形的阶状结构很快成为一种设计的时髦用语，作为区别于“新艺术”和传统风格的“现代感”标志而广为流行，成为家居生活和公共艺术中最引人注目的新风景。

图 4—42　纽约克莱斯勒大厦电梯门的装饰风格

W. V. 艾林设计，1928—1930 年。

装饰艺术运动在英国的影响更多的是反映在产品设计方面。在一定意义上，英国也可以说是装饰艺术的发源地之一，因为装饰艺术运动是在新艺术运动的影响下产生的，而新艺术运动则又是在英国莫里斯领导的艺术与手工艺运动的影响下发展起来的。但是，由于英国历史传统的深厚，新艺术运动并没有改变英国设计中传统、保守的复古主义立场，而装饰艺术运动在英国的表现，同样深深受制于英国传统的设计观念。在 20 年代，英国的设计仍具有富丽、豪华的特点，伦敦阿斯伯雷公司设计生产的银器、希尔公司设计生产的家具虽然有明显的装饰艺术风格，但也都是与英国的设计传统相吻合的东西。

30 年代，装饰艺术风格开始在英国流行，在家具设计、餐具、茶具及咖啡具的设计上，设计师们大胆地背离传统，创作新的作品，以新颖的设计风格来争取顾客。著名的斯波特公司在30年代设计生产了一系列餐具、茶具、咖啡具，其造型趋向简洁的几何造型，色彩以米黄色、银色、翡翠色为主。为布斯莱姆陶瓷厂从事设计的著名女设计师克拉里斯·克里夫，运用装饰艺术风格中典型的几何样式设计陶瓷产品，如“德里西亚”系列、“克罗库斯”系列、“花园”系列等。尤其是名为“怪诞”系列的陶瓷设计，采用对比强烈的色彩，抽象夸张的图案作装饰，有的则以人物的变化作基本造型，有的陶瓷装饰则请当时一流的画家完成，使陶瓷设计与绘画结合，增加了艺术表现力。苏丝·库柏是另一位著名陶瓷设计师，主要从事咖啡具的设计，其装饰以银色或绿色的釉底上手绘葡萄纹样为特色。夏洛特·里德以餐具设计为主，色彩和造型都具有装饰艺术的风格。英国著名的维奇伍德陶瓷工厂30年代曾生产出设计新颖、价格低廉、面向大众的陶瓷作品，色彩淡雅明快，几何图案、人物装饰也较严谨。

装饰艺术风格的设计和以功能为重点的现代设计是在20世纪二三十年代同时发展的现代设计运动，各有不同的价值取向和目标。现代主义设计追求民主的和理想化的机器信念，在现代艺术思潮的美学思想影响下，以社会道德观作为评价设计的标准，强调忠实于材料，尤其是现代材料，在设计中真实地体现功能和结构，力图以抽象几何造型为特点的美学形式作为设计的主要形式。但由于历史、文化和生活习惯等原因，现代主义的设计仅在建筑领域取得了重要进展，在产品设计领域，影响甚微，而具有传统设计本质和特征的装饰艺术风格的设计却影响广泛，深受欢迎。从这方面我们可以看到，人们对于装饰的喜爱和生活的需求是设计不可忽视的重要因素。三四十年代，当功能主义的现代主义设计开始全面发展之际，一种具有装饰艺术风格特征的流线型设计又大行其道，同样说明了这一道理(图 4—43)。

图 4—43　家用缝纫机
德国普法夫贸易公司制造，1912 年。

流线型设计是产生于美国又以美国为流行中心的一种设计风格。流线型原来是空气动力学上的一个概念名词，指那种表面圆滑，线条流畅而空气阻力小的物体形状，在产品设计中的流线型风格实际上是一种象征速度和时代精神的“样式”语言。

流线型设计最早出现在交通工具的设计之中，为了取得更快的速度，外形必须合于空气动力学的要求——呈流线型，这实际上是一种汽车设计的形式语言和美学风格。从起源上看，早在 19 世纪人们已经注意到鱼、鸟这些有机形态的效能，并在潜艇和飞艇的设计上加以运用。至 20 世纪初，“水滴”形已成为最小阻力的形状而广为接受，并在第一次世界大战前后用于小汽车的外形设计上，1921 年德国齐柏林工厂的匈牙利工程师加雷在风洞中试验流线型汽车模型的空气动力学特性，为这种形式提供了科学依据。因此，随着人们对汽车对速度的喜爱，流线型很快成为时代和时髦的象征，在产品设计中表现出来，影响着从电熨斗、烘烤箱、电冰箱甚至家具等一系列家庭用品的设计，成为三四十年代最为流行的设计风格之一（图 4—44、图 4—45）。

一种设计风格的流行与否，实际上与这种设计产品的商业化以及产品和消费者心理学上的联系密切相关。早期现代主义设计不注重工业资本主义以市场为主导的消费特点，无视广大消费者的多方位多层次的需求，片面强调批量生产的民主理想和产品的实用功能价值。流线型设计风格的产生和流行实际上是对现代主义设计理念的反拨和冲击。流线型设计本质上是一种“样式设计”，设计师们工作的重点几乎全集中在流线型的样

图 4—44　20 世纪初生产的电话机（欧洲）

图 4—45　电熨斗

德国柏林通用电器公司，1930 年。

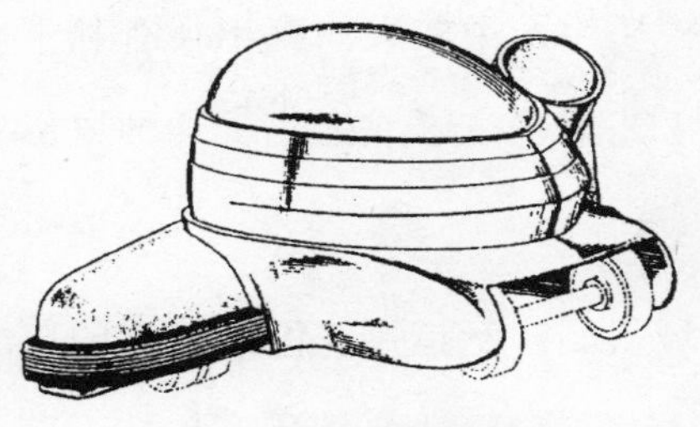
图 4—46　美国吸尘器设计
（1943 年）

式设计上，而不顾及其他（图4—46）。如 1936 年由美国设计师赫勒尔设计的号称“世界上最美的”订书机，完全是一件纯形式和纯手法主义的产品设计，其外形像一只蚌壳，流线型的壳体将机械部分完全罩住，操作只能以按钮来进行。设计师将表示速度和运动的流线型设计运用到静止的物体上，使其具有了一种符号化的象征性，作为一种时髦而使消费者满意。这也反映出当时美国人对于设计的态度，即把设计作为促销的手段，作为迎合大众审美趣味的方法之一。在这里，我们可以发现，流线型的设计其情感价值超过了其实用的功能价值，而具有时尚的商业化味道（图 4—47）。

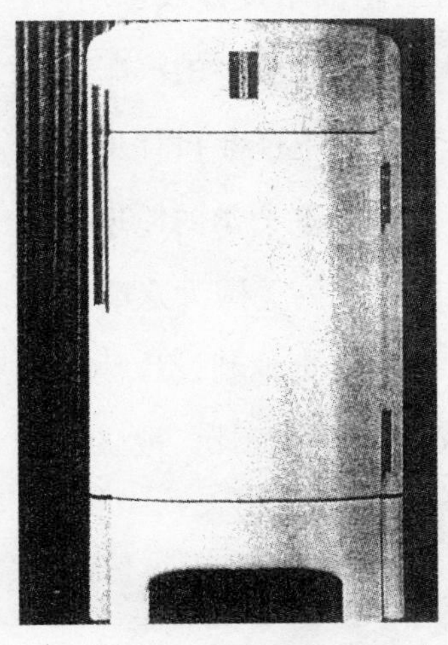
图 4—47　流线型冰箱设计
罗威设计，1935 年。

流线型设计具有强烈的现代特征，一方面，它与现代艺术中的未来主义和象征主义一脉相承，用象征性的设计将工业时代的精神和对速度的赞美表达出来；另一方面，它与现代工业技术的发展密切相关。20 世纪 30 年代，新型材料塑料和金属模压成型方法得到广泛应用，在模压生产中较大曲率半径有利于脱模和成型，这从生产技术和工艺上确定了或强化了这种风格特点。

流线型设计虽然在各种领域得到广泛运用，但最适宜的莫过于汽车、飞机等交通工具的设计。在1921年德国齐柏林工厂的风洞试验之后，美国设计师富勒在“戴马克松”轿车的设计中进行了大胆尝试，他将这辆大型的三轮汽车设计成水滴状，在高速时能节油50%，但这种设计因与人们观念中的汽车形态相差甚远而没有被接受。克莱斯勒汽车公司1934年设计生产的“气流”型轿车，经七年时间的努力，按空气动力学的原理设计而成，同样没有获得成功。但它却为极成功的德国大众波舍尔汽车的设计提供了经验（图4—48）。1934年奥地利设计师列德文克设计的塔特拉V8—81型汽车，采用流线型设计，被认为是

图4—48　德国大众波舍尔汽车
波舍尔设计，1936年。

30年代最杰出的汽车之一。在飞机设计上，随着金属材料的改进、结构技术和科学研究的发展，流线型风格为飞机设计带来了革命性的影响，如1933年波音247和道格拉斯DC1、DC2、DC3的设计，都获得了极大成功。

全面来看，流线型风格主要源于科学技术的进步和工业生产的发展，而不是美学理论指导的产物。它是时代的象征也是时代的产物，是科技文化与大众消费文化结合的产物。

四　北欧风格

地处北欧的斯堪的纳维亚国家（包括芬兰、挪威、瑞典、丹麦、冰岛五国）有着独特的地理位置，也有着独特而悠久的民族文化艺术传统。在艺术设计领域至今一直保持着自己的艺术特色、设计的文化品质和艺术精神。这种被称为北欧风格或斯堪的纳维亚风格的现代设计风格，形成于第二次世界大战期间。斯堪的纳维亚的现代设计风格与上述装饰艺术风格和流线型设计风格不同，它不是一种流行的市民审美时尚，也不是一种商业价值的形式主义风格，而是北欧独特民族文化和设计价值观的产物。

早在20世纪初期，芬兰、瑞典、挪威三国的艺术设计已在本国生产设计中发挥了重大作用。1900年巴黎国际博览会上，这些国家的设计已引起人们的关注，同时也标志着北欧五国的设计已开始由地方性的封闭状态转到面向世界性竞争的发展道路上。20 年代初，设计师和生产厂家们就积极准备作品参加 1925 年的巴黎国际博览会，在这次博览会上，首先是瑞典具有深厚传统又有创新设计特点的玻璃制品一举获得多块金牌，并进入美国市场。由丹麦工业设计师汉宁森设计的灯具（图 4—49）作为与著名建筑师勒·柯布西耶的世纪性建筑“新精神馆”齐名的杰出设计也获得了金牌，在这一

图 4—49　PH—5 吊灯
丹麦设计师汉宁森设计。

体现着时代新风格设计的基础上，汉宁森又发展出了系列的 PH 灯具，至今仍是国际市场上的畅销产品。这一设计不仅是斯堪的纳维亚设计风格的典型代表，也体现了艺术设计的根本原则：科学技术与艺术的完美统一。PH 系列灯具在设计上所体现的原则是：（1）从科学的角度，考虑光照效果，通过灯罩的设计使所有光线必须经过一次以上的反射才能达到工作面，形成了柔和、均匀的照明效果，并消除了一般灯具所具有的阴影；（2）对白炽灯光谱进行了有益的补偿，以获得更适宜的光色；（3）从任何角度都不能直接看到光源，避免了灯泡眩光对眼睛的刺激；（4）通过多层灯罩的光感作用，减弱了灯罩边沿的亮度，并适量地使部分光线溢出，防止了灯具与黑暗背景形成的过度反差，以免

眼睛不适。而就造型而言，PH 灯具具有优美典雅的造型特征，流畅而飘逸的线条，错综而简洁的跃层变化，柔和而宁馨的光色使这一灯具的设计达到了近于完美的程度。

20 世纪三四十年代，是设计史上功能主义的黄金时期。设计上对功能的重视起始于包豪斯对功能主义的推崇。在 20 年代后期，包豪斯的影响首先传播到了工业较发达的瑞典，1930 年瑞典工艺协会主办斯德哥尔摩博览会，介绍德国现代主义设计和包豪斯的设计改革，同时瑞典本国的大批标准化、合理化、注重实用功能的建筑装修和日用产品设计参展，一举改变了过去国际博览会的参展作品炫耀装饰和过度注重形式的弊病。这次展览实际上是包豪斯设计思想在设计界实践结果的一次主要展示，是北欧现代主义设计风格的展示，参展作品不仅实用功能强，而且简洁、大方、轻巧、美观，充分考虑到人们对建筑、室内装饰及日用品使用中的实用、卫生、安全、灵活、舒适等各种要求，又不失北欧设计中独有的对传统文化的尊重，对装饰的适度克制，对自然材质本质之美的喜爱，形成了一种独具地方特色而又具革命性的设计哲学，即将现代主义设计思想与传统的人文主义设计精神相统一，既注意产品的实用功能，又关注设计中的人文因素，将功能主义设计中过于严谨刻板的几何形式柔化为一种富有人性、个性和人情味的现代美学风尚。

30 年代，瑞典著名的现代设计师有马姆斯登和马斯森等人。

他们强调功能主义的设计原则，又不全排除传统图案与装饰性，注重从传统与自然中汲取设计的灵感，以人而不是以产品作为设计的出发点，更不是仅凭某些设计的主义或风格生发出来。他们的家具设计以自然的传统的木质、皮质材料为主，马斯森特别擅长于使用工业化生产的层积木板来设计制作曲线型的家具，这种家具坚实轻巧，舒适而富有弹性，又能大批量生产。他们的设计实践和努力，为瑞典的现代设计打下了良好的基础，并为奠定斯堪的纳维亚设计的哲学基础作出了贡献。1939 年，瑞典的产品设计第一次参加纽约的世界博览会，独特的设计风格立即引起人们的广泛关注。一位设计评论家认为瑞典和斯堪的纳维亚的设计代表着“一个走向稳健化的运动”，所谓的“稳健”是指这种设计既无功能主义的激进与偏执，又理性地对待传统而言的。第二次世界大战结束后，瑞典的家具已成为世界最杰出家具产品设计的代名词，这种从 20 年代就建立起的瑞典现代风格的设计，至今在世界各地仍受到高度赞誉和欢迎。

丹麦的现代设计略晚于瑞典，进入 20 世纪 50 年代，其室内家具和家庭用品如玻璃、陶瓷等的设计已与瑞典一样达到世界的先进水平（图 4—50）。著名设计师有卡尔·克莱特、摩根、科什、博格·摩根森等，他们选择丹麦传统的优质木材设计制作家具，其特点是重视传统家具样式在新设计中的运用，使其现代家具具有优雅而传统的美学风格。丹麦家具不仅富有典雅的传统色彩，而且简洁轻便，能大量使用机器生产，又具有很强的现代性，价格低廉，在欧美市场上极受欢迎。丹麦的灯具设计和金属制品设计也具有世界性声誉，被誉为“没有时间限制的风格”样式。

图 4—50　陶瓷茶具
丹麦维斯加德设计，1957 年。

另一个重要的设计国家是芬兰。著名的设计师阿尔瓦·阿图，以采用工业化生产方式来为大众生产低成本而又设计精良的家具而著称。他利用新型胶合板生产轻巧、舒适的现代家具如各种座椅等（图 4—51），实用功能与有机的形式完美的结合在一起，成为现代家具设计的经典之作。他还设计了众多玻璃制品，以有机的自然形态为设计的出发点，如以芬兰众多湖泊的自然形态为结构的玻璃容器，独特、典雅而具有地方特色。著名设计师皮约·维维卡设计的花瓶（图 4—52）也采用自然形态，生动而优美。

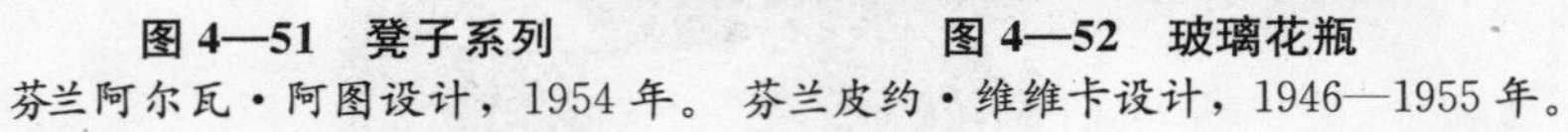

图 4—51 凳子系列
芬兰阿尔瓦·阿图设计，1954 年。

图 4—52 玻璃花瓶
芬兰皮约·维维卡设计，1946—1955 年。

第四节　现代设计的摇篮：包豪斯

一　格罗皮乌斯与包豪斯

包豪斯是 1919 年在德国成立的一所设计学院，这也是世界上第一所推行现代设计教育、有完整的设计教育宗旨和教学体系的学院。其创始人是德国著名建筑家、设计理论家沃尔特·格罗皮乌斯，在他的周围集中了一批著名的艺术家、设计师、教育家、工艺师等，如康定斯基、约翰·伊顿、里昂·费宁格、乔治·蒙克、包尔·克利、米斯·凡·德罗等。

包豪斯是在原魏玛艺术学校和工艺美术学校的基础上加以联合成立的。"包豪斯"一词的德语原意为"建造房屋"，创始人格罗皮乌斯是想把这种学校建成以培养建筑师和产品设计师为主的新型学校。自 1919 年创办至 1933 年被德国法西斯强行关闭，包豪斯经历了短短 14 年的时间，在这 14 年中亦三次迁校，由此形成了三个不同的发展阶段，即创办初的魏玛时期、德索时期和柏林时期。

第一阶段由格罗皮乌斯任校长，聘用了一批杰出艺术家和手工艺匠师，实行艺术家与手工业匠师分授课业，艺术教育与手工制作相结合的新型教学方式。第二阶段，包豪斯在德索市重建，教学进行改革，实现了设计与制作教学一体化，取得了一大批引人注目的优秀设计成果，这一时期是包豪斯发展的鼎盛时期。第三阶段由梅耶和米斯·凡·德罗任校长，由于包豪斯为法西斯所不容，至1932年10月法西斯占领德索再次迁校于柏林，后遭查禁封闭，于1933年结束，包豪斯的教员们前往欧美其他地方。

包豪斯在工业设计史上写下了光辉的一页，它倡导了艺术与科学技术结合的新精神，创立了工业化时代艺术设计教育的基本原则和方法，发展了现代设计的新风格，为工业设计指示了正确的方向，对现代设计运动的发展有着重要的启示作用。包豪斯是工业设计史、现代建筑史、现代艺术史上的一个重要里程碑，是艺术设计作为一门学科确立的标志，是现代设计的摇篮。

格罗皮乌斯是包豪斯的创始人，第一任校长，亦是包豪斯的精神领袖和化身。格罗皮乌斯早在20世纪20年代初在德国的设计界已颇具盛名，1919年他怀着振兴设计教育的理想，创办包豪斯学院时才36岁，此时他已被德国乃至世界建筑界公认为第一流的设计家。1911年他设计的法格斯鞋楦工厂厂房和1914年设计的德国工业联盟在科隆的建筑，已使他赢得了世界声誉。

格罗皮乌斯出生于1883年5月18日，他有着良好的家庭教育环境，其家庭有着建筑与艺术两方面的传统。中学毕业后他在柏林和慕尼黑学习建筑，成绩卓著。在当兵一年后进入德国现代主义设计先驱彼得·贝伦斯的设计事务所从事设计。在这设计事务所工作的还有勒·科布西耶、米斯·凡·德罗等人。主持人贝伦斯 1904 年曾参与著名设计领袖穆特修斯的设计改革试验，参与组建德国工业联盟，1907 年为德国电器公司（AEG）设计了世界最早的企业形象系统，及一系列代表德国早期功能主义的产品（图 4—53）。贝伦斯主张在建筑中采用新的材料、新结构、创造新的功能。这对格罗皮乌斯有极大影响。在日后的一些日子里，格罗皮乌斯曾回忆说：“贝伦斯第一个引导我系统地、符合逻辑地综合处理建筑问题。在我积极参加贝伦斯的重要工作任务中，在同他以及德意志制造联盟的主要成

图 4—53　室内设计

德国设计师彼得·贝伦斯设计，1903 年。

员的讨论中，我变得坚信这样一种看法：在建筑中不能扼杀现代建筑技术，建筑表现要应用前所未有的形象。”① 在与贝伦斯共事三年后，1910 年格罗皮乌斯与青年建筑师阿道夫·迈耶合伙开办了自己的设计事务所。开张后的一个重要设计是法格斯鞋楦工厂的厂房、室内及家具、用品等设计，根据工厂的生产需求，他采用大量玻璃幕墙和转角钢窗结构，这是世界上最早的玻璃幕墙结构的建筑，具有优良的性能和优美的现代造型，这一当时最先进的工业建筑，使格罗皮乌斯很快成为设计界的一颗新星为人所注目。1914 年，他为德意志工业联盟设计了科隆展览会办公楼，再次使用了透明玻璃幕墙结构，其创新和大胆的设计是将楼梯设置在主建筑两端的圆柱结构的玻璃幕墙内，形成了独具特色的现代建筑的表现语言。

格罗皮乌斯是德国工业联盟的主要成员，亦为联盟做了大量的工作，并从中接受了联盟的设计观念和艺术境界。经过第一次大战的磨难，他开始改变了战前对机械过分崇拜的浪漫主义态度，而产生了通过设计教育实现社会大同的乌托邦思想和建立一所设计学院的愿望。

1915 年他草拟了建立设计学院的计划，并向魏玛市政府提交了一份关于建立一所新型设计学院的建议书。魏玛是一个有 4

① 何人可编：《工业设计史》，205 页。

万居民的中小城市，原来是魏玛大公国的首都。这里的艺术教育有着良好的基础，18 世纪时这里已建立了第一所美术专门学校，1902 年，比利时设计家亨利·凡·德·威尔德又在这里建立了一所具有实验性的工艺美术学校。在建议书中，格罗皮乌斯建议新设计学院应建立艺术家、工业家和技术人员的合作关系，这种合作关系，可以改善大工业的非人格化品质，提高设计水平，也可以挽救传统工艺衰落的趋势。1919 年初，魏玛市政府同意了格罗皮乌斯的建议，让他在魏玛美术学院的基础上筹建新的设计学院。

1919 年 4 月 1 日，由创立者格罗皮乌斯任校长的“国立包豪斯”设计学校正式开学。这是把已于 1915 年关闭的凡·德·威尔德的工艺美术学校作为校舍，集中了原学校一部分教员和魏玛美术学院教员的一所新学院。开学第一天，格罗皮乌斯即发表了自撰的建校宗旨的《包豪斯宣言》，在这本只有 4 页、由法宁格设计封面（图 4—54）的小册子的宣言中他指出：“艺术不是一门专门职业，艺术家与工艺技术人员之间并没有根本上的区别，……工艺技师的熟练对于每一个艺术家

图 4—54　包豪斯宣言封面设计采用法宁格的木刻作品（1919 年）

来说都是不可或缺的。真正的创造想象力的源泉就是建立在这个基础上的。”为此，他呼吁建筑师、雕塑家和画家们都应该转向实用艺术：“让我们建立一个新的艺术家组织，在这个组织里面，绝对不存在使得工艺技师与艺术家之间树起自大障碍的职业阶级观念。同时，让我们创造出一栋将建筑、雕塑和绘画结合成为三位一体的新的未来的殿堂，并且用千百万艺术工作者的双手将它耸立在云霞高处，变成一种新的信念的鲜明标志。”①

包豪斯宣言和包豪斯的教学宗旨、纲领、原则都体现了格罗皮乌斯的某种理想。他既把包豪斯当作实现自己艺术设计理想的课堂同时又将其作为一个微型的理想社会的试验场，进行着艺术设计改革和社会思想的双重试验，这种试验因之具有了艺术设计和社会思想两方面的意义。但其核心乃是他所坚持的艺术与手工艺、科学技术与艺术的融合与统一。在设计理念上，他提出三点：一是坚持艺术与技术的新统一；二是设计的目的是人而不是产品；三是设计必须遵循自然与客观的法则进行。在教学结构上，他实行了手工艺传授的师徒制与艺术训练的结合，即车间与教室的结合，通过工艺技师的手工艺技术教育，使学生掌握和了解材料、工艺、肌理等技术和工艺的关系，加上艺术训练的创造性教育，形成一个完整、统一、合理的设计

① 转引自王受之：《世界设计史》，125页。

教育模式。在包豪斯创办之初，这些设想的实施虽然遇到了相当大的困难，但最终还是得以实现，并取得了令人振奋的成就。

1926 年格罗皮乌斯在《包豪斯的生产原则》一文中写道："包豪斯的车间，基本上是实验室，在这种实验室中制作出的产品原型适用于批量生产，我们时代的特征在这里被精心地发展和不断地完善。在这些实验室中，包豪斯打算为工业和手工业训练一种新型的合作者，他们同时掌握技术和形式两方面的技巧，为了达到创造一批满足所有经济、技术和形式需要的标准原型的目的，就要求选择最优秀、最能干和受过完整教育的人，他们富于车间工作的经验，富于形式、机械以及它们潜在规律的设计因素的准确知识。"包豪斯在现代设计史和现代设计教育史上的光辉与贡献之处，根本的还在于这一教育与设计思想的创立和实现。

二　包豪斯的基础课程与设计教学

在设计教育中，基础课程教学是一个十分重要的环节。在欧美的设计院校，大都开设了此类基础课程，作为其专业学习的基础，时间一般为一年。在设计教学中，基础课程的设立有着较长的历史，但真正将基础课程给予正确定位的应是在包豪斯的教学实践中。在包豪斯的创建初期，瑞士画家、美术理论家和色彩学家约翰尼斯·伊顿应校长格罗皮乌斯的邀请，从维也纳来到德国魏玛，加入刚创建不久的包豪斯的教学队伍。在他的建议下，包豪斯开始设立基础课程。在基础课程的设置上，伊顿出于以下考虑，他首先认为：“把一个富有个性的学生塑造成具有全面而完整的创造能力的人，是个根本性的问题。”① 在教学中学生的想象和创造能力应当首先被解放和加强，教学不仅需要激发学生对艺术的兴趣，最根本的是唤起具有不同气质、才能的学生富有人性的创造性反应，从而来形成创造性气质，引导学生进行具有独创性的创作。一旦做到这一点，即启发和培养学生创造性，技术实践方面的要求及最终经济上的考虑因素才能被引入到创作设计过程之中。伊顿认为，创造性的观念形成后，在设计过程中它将会以一种新的艺术形式出现，材料的、感觉的、精神的、智慧的力量和能力也必将共同地发生作用。

在基础课程的教学上，伊顿进行了三个方面的探索与实践：

1. 解放学生的创造力乃至艺术天赋。他认为学生自身的艺术创作体验和感受将如实地表现与存留于真实坦诚的作品之中，学生们将逐步跨越各种传统的陈规旧俗，追求与创造自己的作品。这里，创造能力的解放和培养是第一位的。基于这种思想，伊顿在教学中，彻底抛弃了以模仿性绘画为基础的传统式教学方式，进行了一系列的以形态、构成、色彩、肌理、节奏等视

---

① ［瑞士］约翰尼斯·伊顿：《设计与形态》，13 页，上海，上海人民美术出版社，1992。

觉艺术的基本训练为课题的教学，把体验、感受、实验作为基本的教学原则，发掘学生的创造潜能（图 4—55）。

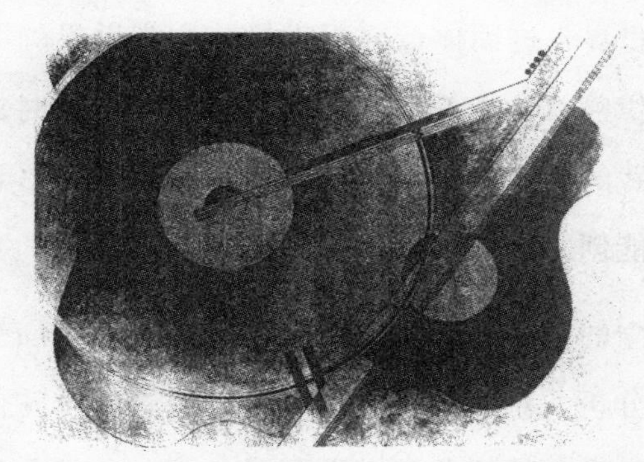

图 4—55　以乐器为主题的形态和比例对比的构成练习
作者：A. 利斯，1928 年。

图 4—56　形态构成与明暗关系的研究与练习（1920 年）

2. 使学生更有把握地选择自己的工作职业。为此，伊顿立足于以后工作的实际，力求让学生通过多种材料和技术的作业训练，帮助学生发现自己最有亲近感的材料，通过这种对自己有亲切感的材料的选择从而激发最大的创造力，找到最适合自己的造型范围（4—56）。

3. 向学生传授有关形态和色彩的造型基础法则，把创作性的构图原则展示给以后作为一个艺术家的学生，让他们学会体验和观察，即在形体和色彩规律的传授与认识中使学生认识和把握客观世界，进而体认客观世界与主观世界的不同方式和相互作用。伊顿认为，学生在车间从事生产活动时，不应一开始就教授实践的技术和市场调查方法，而应首先培养学生的创造力，培养能创造出新造型的能力。①

伊顿设立的基础课程内容十分丰富，包括平面分析、立体分析、材料分析、色彩分析、素描与结构素描及其他基础练习在内。从伊顿设立的这些基础课程看，不一定是全新的与过去迥然不同的课程，重要的区别在于，这些基础课程是以理论分析为主导的，可谓是理论基础课程，通过理论和观念教育，来启发学生的创造力，而当时大多数设计及美术院校的基础课程基本上是纯粹技术训练，没有理论基础和思想特征。

伊顿的基础课程教育成为包豪斯初期教学的中心。伊顿本人凭借自己强烈的个性和宗教色彩及对艺术的透彻理解，创造性地使这门课程具有了超越基础教育的多重意义。即使是形态构造的基础训练，他的课程也具有独特的色彩。作为包豪斯教师的保罗·克利在 1921 年 1 月 16 日写给妻子的信中，曾描述过伊顿上课时的情景：

---

① 参见［瑞士］约翰尼斯·伊顿：《设计与形态》，11 页。

伊顿徐徐地漫步了一周，然后面对画架上一块钉着一叠素描纸的画板站住。他手握木炭，摆好姿势，凝神运气，突然连续迅速地挥了两笔，在画纸上显现出两根平行的强劲有力的线条（图4—57）。然后，命令学生们如法炮制。伊顿检查学生作画，让每个学生确实做做看，并纠正他们的姿势。同时，他命令全体学生按照他的节奏做同样的练习。这可以看作宛如是为了使机械有感情地产生作用的训练，一种类似于健身按摩式的运动。接着，他以同样的方法，再画出其他造型要素的形态（如三角形、圆形、螺旋形），让学生模仿，并反复阐述描绘的理由及表现方法。然后，他对于“风”又做了一些说明，命令几个学生说出来，表现他们对于“风”和风暴的感觉。随后，伊顿给学生们制订出表现风暴这一课题。给予十分钟的创作时间，接着检查作品，进行讲评。讲评之后，继续进行创作。就这样，素描纸被一张接一张

图4—57　一只手握两支炭棒而作的构成练习

地撕下丢在地板上。许多学生用尽全力，一次就用完几张素描纸。直至全体学生有些疲劳时，伊顿才让他们将这一课题带回家去继续练习。①

这一描述虽然有些冗长，但却表现出伊顿从自己的亲身体验开始，传达给学生一种来自生命体的切身感悟。伊顿说："被表现得栩栩如生的东西，经常是亲身的感受，亲身的感受又常常是生机勃勃的表现。"② 他正是循着这条路前行的。在他的教学实践中，既有对材料、工艺的第一手感性认识，又有由此而引发的感觉表达；既有客观现实的形态感知又有抽象的表现性的形态研究与表达；他既大胆吸收现代派绘画艺术中诸如抽象表现主义、构成主义的观察与表达方式，又有设计艺术本身的对材料、对物体、对形态、色彩的观察与分析；他一直紧紧把握住艺术及设计中最需要把握的那种最基本、最本质又最普遍的东西，即思维方式的培养与训练，是对视觉艺术、设计艺术基本规律的把握。他把这些作为教师的根本职责。他认为："没有一个人类活动领域能像教学那样，才能起着如此重要的作用。只有那些具有教育天才的教师，才会尊重和保护一个孩子天赋的人类那难以形容、奇迹般的能力。尊重人的能力应贯穿于教学的始终。教育是一种大胆的探险，特别是艺术教育更是如此——因为它涉

---

① 利光功：《包豪斯》，41页，北京，轻工业出版社，1988。
② 同上书，40页。

及人的创造精神。人的智慧，尤其是人天然的直觉智慧，我认为对一个真正的教育工作者来讲是个至关重要的财富，这个真正的教育工作者需要认识和发展他的学生们的天赋才能和气质。”①

包豪斯理论色彩浓厚的基础课程由伊顿开始设立，除伊顿以外先后还有多位教师担任这些课程的教育，著名的有保罗·克利、康定斯基、约瑟夫·阿尔柏斯、赫伯特·拜耶、马谢·布鲁尔、朱斯特·斯密特等，他们的基础课程都建立在严谨的理论体系基础之上。伊顿在担任四年基础课教师于 1923 年辞职后，克利担任基础课教师至 1931 年，康定斯基则一直坚持到包豪斯被迫关闭时止。这些基础课程虽然有一致的要求，但不同教师都有着不同的教学特色。如克利所上课程有：“自然现代的分析”、“造型、空间、运动和透视研究”；康定斯基的有：“自然的分析与研究”、“分析性绘画”等；纳吉的基础课程有：“总体练习”、“体积与空间练习”、“不同材料结合的平衡练习”、“结构练习”、“肌理与质感练习”等；阿尔柏斯的有：“组合练习”、“纸造型”、“纸切割练习”、“铁皮造型练习”、“铁丝构成练习”、“玻璃造型练习”、“错觉练习”等等。

康定斯基的基础课程，从抽象的形态与色彩的理论研究分析出发，进而与设计的具体形式和内容相联系，一下子切入艺

---

① ［瑞士］约翰尼斯·伊顿：《设计与形态》，8 页。

术设计最本质最抽象的核心，然后再回到具象的或具体的设计中来。如他分析色彩的温度与形式的变化，研究分析这种变化对于色彩纯度、明度与色彩调和的互为关系，进而分析色彩对人的心理影响等，通过理论的层层分析引导，最终使学生能够充分了解色彩，把握色彩，能得心应手地运用到设计实践中去。

克利在基础课程的教学中，强调不同艺术之间的关系，并通过对比来分析说明其异同，如将绘画与音乐相比，绘画与设计相比等。克利认为，在一切艺术形式中，重要的不是某种形式如点、线、面的单独存在，而是一种互为关系，正是这种互为关系构成了作品的内容，只有通过互为关系的解析才能从形态的依存中找到它的本质所在。由此，在他的基础课程的教学中，他十分注重感觉与创造性关系的阐发，即使是点、线、面的形态元素，他亦赋予其特定的心理内容，这就使基础的形态训练课程具备了浓郁的思想色彩。

迪索时期包豪斯的基础课程已形成必修基础课、辅助基础课、工艺技术基础课三大类，与专门课、理论课和专门工程课等专业课程组成了一个相对完整的课程教学体系。这一教学体系至今仍对当代的艺术设计教育发挥着重大的影响（图 4—58）。

三　大师与杰作

在包豪斯任教的教师中有许多是世界著名的艺术家、设计师。1919 年包豪斯创办初期招聘到作为“形式导师”的第一批教师是雕塑艺术家杰哈特·马科斯、画家里昂·费宁格和约翰·伊顿。马科斯是德国工业联盟的成员，在格罗皮乌斯为科隆的德国工业联盟设计办公楼时，他参与了大楼陶瓷装饰制品的设计，他为陶瓷厂设计创作过很多装饰性雕塑，与陶瓷工厂有良好的合作关系，通过他使包豪斯的教学与陶瓷厂的实习联系在一起，并在学生的教学中指导学生设计创作了很多陶瓷作品。费宁格作为一个版画家，具有显见的立体主义和表现主义的色彩，作品风格强烈，线条刚劲，黑白分明。他对建筑的深刻理解，使他在包豪斯的基础教学有良好的效果。

图 4—58 第一个“包豪斯之夜”的广告

包豪斯学生设计，构成的味道很浓。

1920 年起，俄国表现主义大师康定斯基和德国表现主义画家保罗·克利、奥斯卡·施莱莫和乔治·蒙克都来到包豪斯任教。英国著名美术史家赫伯特·里德在论述 20 世纪现代艺术运动时认为毕加索、康定斯基、克利是贡献最大最重要最关键的人物。康定斯基 1866 年 12 月 4 日生于莫斯科，20 岁时进入莫斯科大学学习法律。1895 年第一次参观法国印象派画展后，第二年即到慕尼黑皇家学院学习绘画，并成为法国表现主义的重要成员，在经历了 12 年的漫游从师生涯后，于 1914 年回到莫斯科，参与俄国现代艺术运动，1918 年担任重新建立的莫斯科美术学院的教授和教育委员会委员，1919 年被任命为绘画文化博物馆馆长，主持全苏各画廊的组织工作。1920 年被任命为莫斯科大学教授，1921 年建立艺术科学院后任副院长。在年底，他辞职离开了莫斯科，1922 年应格罗皮乌斯邀请，来包豪斯任教。

在包豪斯教员中，康定斯基是最透彻地把握了包豪斯教学宗旨的一位大师。作为抽象表现主义艺术的创始人，其艺术的实验态度和精深的理论素养、广博的学识给包豪斯教学带来了极深刻的影响。康定斯基在此期间不仅从事教学，创作了大量作品，还根据自己的教学经验写下了《点、线、面》这部划时代的现代艺术著作，

韦耳克尔博士认为这本著作："用一种精细的、完全科学的严密手法，阐述素描要素的一种新的形式理论，然而它的基础仍旧是同样的一种非理性的、神秘的精神统一的见解。"① 康定

① ［美］赫伯特·里德：《现代绘画简史》，97 页。

斯基认为，未来的艺术必定是多种媒介综合的产物，而所有的技术都应为设计这个中心服务，这一思想，使得他在包豪斯的教学中，始终与其宗旨保持一致。康定斯基对包豪斯的贡献是多方面的，其中重要的一点是设立了独特的基础课程，把这一课程的教学建立在科学、理性的基础上，使其成为包豪斯最系统的基础课程（图 4—59）。

图 4—59 《坎贝尔组画之四》
抽象派艺术大师康定斯基 1914 年的作品。

保罗·克利是现代派艺术的大师之一，1879 年出生于瑞士明亨布希，20 岁时进慕尼黑皇家学院学美术，在 1911 年参与康定斯基的《青骑士》艺术活动时，他已经是一位成熟的画家，有了近 9 000 幅作品。他一生中有三件事对他的艺术创作有着深刻影响，一是 1914 年与画家麦克等的突尼斯之旅，在这次旅行中，他第一次深刻地感受到光和色的心灵震撼——是“天方夜谭的精华”，他被色彩所俘虏，“色彩和我是一体，而我是画家”①。二是麦克和马克在第一次世界大战中阵亡，他感到“这个世界愈变得可怕，艺术

① ［美］赫伯特·里德：《现代绘画简史》，101 页。

也就变得抽象”①，从此，死的暗示一直存留于他的作品之中。第三即是在包豪斯的十年岁月。

克利从1921年1月到包豪斯任教，直到1931年4月止。这十年被认为是20世纪绝无仅有的在创造气氛中从事绘画和教学的十年，使克利感到了人生的充实和创造的幸福。刚到包豪斯时，克利被安排在书籍装订工作室，不久便转到彩色玻璃工作室担任导师，并开始形成自己的基础课程的教学特色和体系。在教学中，他把理论课与基础课和创作课联系起来，把自己的艺术创作同学校集体的努力联系起来，深受同学欢迎，并成为包豪斯最重要的教师。

在包豪斯的这段经历，对于克利而言具有重要的意义，对于后代及他的学生来说也具有不可估量的价值。教学中的需要，促使他进行了深入的思考，这些思考和理论生发了整个现代艺术的基本原理，并形成了三本现代艺术理论的巨著：《教学笔记》、《论现代艺术》和《创作思想》，这是克利为人类艺术留下的一笔宝贵财富。《教学笔记》主要是关于初步的形式和运动的分析，关于基本设计因素的结构运用中的习题的指导等。在《论现代艺术》中，他对艺术创作过程的特点进行了深入细致的阐述，特别深入分析了视觉意象在它成为有意义的符号前所经历的变化。他以“树”

---

① ［美］赫伯特·里德：《现代绘画简史》，103页。

作比喻，论述自然与艺术的微妙变化，进而分析为什么艺术作品的创作会引起对自然形式的歪曲，他认为，只有这样，自然才能再生，艺术的符号才重新被赋予了生命，在艺术符号的创构中，构图就是创造形象，作为一种“永恒的创生”，是人类的意识对于“原始力量培育万物进化的秘方”的洞察。①

包豪斯的培养宗旨是建筑师、设计家，因此，它不主张也不鼓励学生从事绘画，不鼓励学生走向纯艺术的道路，但克利在教学中主要还是利用绘画来表达自己的教学思想。与一般画家不同的是，克利在教学中仅是把绘画作为一种媒介，并不作为最终目的，利用绘画教育最终达到设计教育的目的。《创作思想》这一著作就是其从艺术角度论述设计原理的最完备的著作，被誉为艺术新纪元的“美学原理”，因为这本著作，有研究认为克利在艺术上所享有的地位，可以比拟于牛顿在物理学方面所享有的地位。

包豪斯教学的特点之一即理论教学与设计实践的紧密结合，培养学生的创造能力是从动手实践能力的培养开始的。包豪斯的教员们亦是这方面的典范。除上述的大师一直以自己的艺术创作与教学相结合外，其他的教员莫不如此。在迪索包豪斯的 12 名教员中，有 6 名是包豪斯自己培养的学生毕业后留校任教

---

① ［美］赫伯特·里德：《现代绘画简史》，103 页。

的，他们更注重于各种设计实践与教学。

赫伯特·拜耶在绘画、平面设计、摄影、版面设计等方面都有十分杰出的才能，1925 年至 1928 年他是印刷设计系的负责人，通过他的努力，将魏玛时期的一个只能从事单纯石版印刷、木刻等的艺术型印制工作室改变成为一个主要采用活字印刷，服务于机械化生产的新专业。拜耶的设计面很广，除广告、路牌、产品标志和企业形象设计外，最突出的设计是字体设计。在担任字体和印刷设计的指导教师后，他一直致力于设计简洁美观的字体和版面。他成功地设计出一种无饰线字体，并运用于他设计的包豪斯的各种出版物中，使其成为当时最先进的平面设计之一。

马谢·布鲁尔也是包豪斯的毕业生，他在 1920 年进入包豪斯学习和工作后，主要从事的都是家具设计。早期的设计因受德国表现主义、非洲原始艺术和荷兰“风格派”家具设计师特维特的影响，其作品有的有较明显的表现主义特征，有的则不像家具反而类似雕塑。迪索时期他成为家具设计的导师后，设计出了一系列家具，并首创钢管家具的设计先例。他从“阿德勒”牌自行车的把手上获得设计的灵感，采用大批量生产的钢管作结构与皮革或纺织品结合，设计生产椅子、桌子、茶几等多种新式的现代家具（图 4—60），他亦是第一个采用电镀镍工艺来进行钢管表面装饰的设计师。布鲁尔 1928 年在谈到自己的这些设计时说道："我有意识地选择金属来制作这种家具，以创造出现代空间要素的特点"①，在设计中他将传统椅面中沉重的压缩填料改为绷紧的织物和某种轻而富于弹性的管式托架，所用钢或铝材富有弹性，而且因标准化生产，可以拆卸互换。

图 4—60 马谢·布鲁尔设计的椅子（1922—1924）

作为校长的格罗皮乌斯不仅在艺术设计教育与管理方面表现出了创造性才能，作为一个著名建筑设计师，在包豪斯任职的 9 年期间，他还进行或参与了许多重要的设计工作。经典之作主要是 1925 年为迪索包豪斯所设计建造的新校舍（图 4—61）。

图 4—61 包豪斯校舍
格罗皮乌斯设计。

① 何人可编：《工业设计史》，211 页。

包豪斯新校舍是一个综合性的建筑群，包括各种空间结构的教室、工作室、工场、办公室及宿舍、剧院、礼堂、饭厅、体育馆等公共设施在内，校舍面积近一万平方米。这组综合化的现代建筑全部采用预制件拼装，在功能设计上有分有合，高度功能化，方便而实用；在构图上采用不规则的布局，非对称结构，整体错落有致，变化中有统一；立面造型更体现了新材料、新结构的特点。整体设计趋于简洁、单纯，尽量使用现代新材料追求现代感。整个建筑没有任何传统形式的装饰，每个功能组合之间以天桥相连接，体现出了现代主义设计在当时的最高成就。

位于学校附近的教员宿舍共四栋，这同样是功能主义和理性主义设计的经典之作。它采用钢筋混凝土预制件，没有任何装饰。室内家具是由教师马谢·布鲁尔设计的钢管家具，与整个建筑设计风格相协调统一。室内设计的色彩是纯白色，整洁清净，设计中也没有多余的装饰，仅是些功能化的家庭用具。

包豪斯校舍的设备、家具及其他用品，大多数是由学生和老师自己动手设计、在学院自己的工场中制作完成的，可以说从建筑到设备，从外形到内部装饰，都体现出现代主义最本质的特点——功能与理性的结合。因而被建筑界誉为“20 世纪 20 年代世界上最重要的现代主义建筑群”。

1928 年格罗皮乌斯辞职后，仍一直从事设计工作，1930 年他设计出了强调实用功能和几何性原则的“阿德勒”汽车（图 4—62），这是按照功能主义造型原则设计的典型作品，亦是他设计美学的体现。他认为：“一辆车美的标准并不取决于它的装饰配件，而是取决于整个有机组织的和谐，取决于它功能的逻辑性。车的整个外观造型也必须符合内部的真实、少空话、多符合功能。”① 他将所有的部件都看作是一个完整的有机组织的完善因素，认为这样的造型才是美的表达，正如技术机器的功能性一样。不过，他设计的这种车，并没有批量生产，因为他仅注重了功能，而忽视了消费者所看重的趣味性、象征性、大众审美性等因素。

图 4—62　阿德勒汽车
格罗皮乌斯设计，1930 年。

① 何人可编：《工业设计史》，212 页。

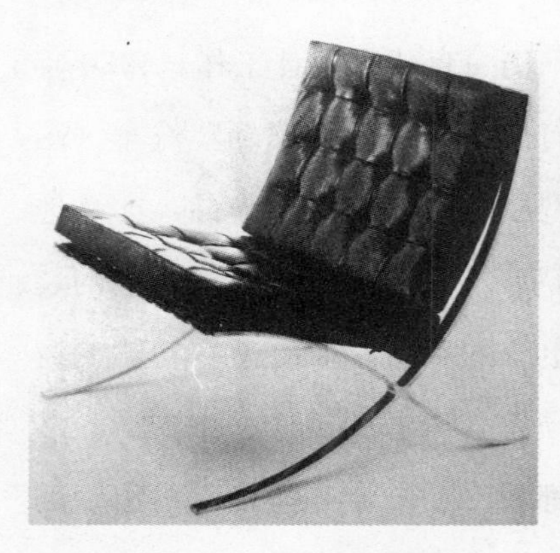

图 4—63 巴塞罗那钢架椅
米斯·凡·德罗设计，1928 年。

包豪斯的另一位重要的设计大师是米斯·凡·德罗。米斯是包豪斯的第三任校长，世界著名建筑设计师。1928 年他提出了著名的功能主义经典口号“少就是多”，1928 年他设计了巴塞罗那世界博览会的德国馆，并为德国馆作室内及家具设计，最著名的是巴塞罗那钢架椅（图 4—63），德国馆是一个减少主义的代表作，宽敞的空间，简单的布局，配上优雅而单纯的现代家具，米斯用他神奇的双手和现代主义设计大师的智慧构筑了一个充分表现德国民族文化精神的杰作，从而成为现代设计史上的一座丰碑。

图书在版编目（CIP）数据

一物一菩提：造物艺术欣赏/李砚祖著. —北京：中国人民大学出版社，2017.7
（明德书系. 艺术坊）
ISBN 978-7-300-24678-9

Ⅰ. ①一… Ⅱ. ①李… Ⅲ. ①产品设计-研究 Ⅳ. ①TB472

中国版本图书馆 CIP 数据核字（2017）第 167802 号

明德书系・艺术坊
一物一菩提：造物艺术欣赏
李砚祖　著
Yiwuyiputi：Zaowu Yishu Xinshang

出版发行	中国人民大学出版社		
社　　址	北京中关村大街 31 号	**邮政编码**	100080
电　　话	010－62511242（总编室）		010－62511770（质管部）
	010－82501766（邮购部）		010－62514148（门市部）
	010－62515195（发行公司）		010－62515275（盗版举报）
网　　址	http://www.crup.com.cn		
	http://www.ttrnet.com(人大教研网)		
经　　销	新华书店		
印　　刷	涿州市星河印刷有限公司		
规　　格	148 mm×210 mm　32 开本	**版　　次**	2017 年 8 月第 1 版
印　　张	11.875 插页 2	**印　　次**	2017 年 8 月第 1 次印刷
字　　数	208 000	**定　　价**	49.80 元

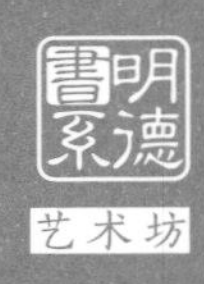
明德書系
艺术坊